服装制板与裁剪
丛书
FUZHUANG ZHIBAN YU CAIJIAN
CONGSHU

童装的制板与裁剪

TONGZHUANG
DE
ZHIBAN
YU CAIJIAN

徐 丽 主编

化学工业出版社
·北京·

全书共分八章，第一章为婴幼儿套装的制板与裁剪，第二章为儿童衬衫的制板与裁剪，第三章为儿童套装的制板与裁剪，第四章为各种款式女童连衣裙的制板与裁剪，第五章为分身上衣和大摆裙的制板与裁剪，第六章为儿童背心和裤装的制板与裁剪，第七章为两件套和儿童旗袍的制板与裁剪，第八章为儿童大衣的制板与裁剪。

本书适合从事服装设计、服装美学艺术设计人士，或者大中院校服装专业师生以及爱好服装裁剪和服装制作的人士阅读使用。

图书在版编目（CIP）数据

童装的制板与裁剪/徐丽主编． —北京：化学工业出版社，2016.6 （2025.1重印）

（服装制板与裁剪丛书）

ISBN 978-7-122-26766-5

Ⅰ．①童… Ⅱ．①徐… Ⅲ．①童装-服装样板 Ⅳ．①TS941.716.1

中国版本图书馆CIP数据核字（2016）第073923号

责任编辑：张　彦　　　　　　　　　　　　装帧设计：王晓宇
责任校对：张　爽

出版发行：化学工业出版社（北京市东城区青年湖南街13号　邮政编码100011）
印　　装：河北延风印务有限公司
787mm×1092mm　1/16　印张7¼　字数185千字　2025年1月北京第1版第12次印刷

购书咨询：010-64518888　　　　　　　售后服务：010-64518899
网　　址：http://www.cip.com.cn
凡购买本书，如有缺损质量问题，本社销售中心负责调换。

定　　价：29.00元

服装制板与裁剪
丛书

FUZHUANG ZHIBAN YU CAIJIAN
CONGSHU

童装的制板
与裁剪

□□ 前 言

FOREWORD

　　本书是为儿童和学生的服装制板而编写的，为年轻的妈妈和她们的爱子、爱女提供了108种服装造型和款式。童装不同于成人装，家长在给儿童买服装时，首先考虑面料，不能对孩子皮肤造成伤害；其次是安全性，拉链、扣子等不能对儿童造成伤害；对年龄稍大一点的孩子就会考虑做工、款式、价位、品牌等。

　　孩子们对色彩鲜艳的服装极其偏爱，对款式也情有独钟，喜欢那种活泼而且新颖的服装款式，因此本书在编写过程中着眼于海外服装文化与国内服装审美相结合，力求做到大方、实用、美观、新潮，使大家能够从中找到自己心爱的服装样式及相应的裁剪板型。

　　书中所选款式，包括春夏秋冬四季服装，有适用于正式场合比较考究的款式，也有适用于日常家居及平时去幼儿园、学校时穿用的较为随意和朴素的款式，附有详细的裁剪图及重点部位的工艺说明，并标明了所需用的面料、衬里和纽扣等的数量。

　　全书共分八章，第一章为婴幼儿套装的制板与裁剪，第二章为儿童衬衫的制板与裁剪，第三章为儿童套装的制板与裁剪，第四章为各种款式女童连衣裙的制板与裁剪，第五章为分身上衣和大摆裙的制板与裁剪，第六章为儿童背心和裤装的制板与裁剪，第七章为两件套和儿童旗袍的制板与裁剪，第八章为儿童大衣的制板与裁剪。

　　本书由徐丽主编，李佳轩、吴丹、刘俊红、刘茜、张丹、徐影、刘海洋、杜弯弯、韩艳香、李雪梅、李飞飞、徐杨、于淑娟、于蕾、由忠华、于丽丽、李立敏为本书绘制了大量的裁剪图和线稿。由于图书内容原因，书中引用了一些图片，但由于条件所限，未能与著作权人一一联系，在此表示衷心的致谢！由于水平有限，书中难免会有不足之处，敬请广大读者指正。

编　者
2016年6月

服装制板与裁剪
丛书
FUZHUANG ZHIBAN YU CAIJIAN
CONGSHU

童装的制板
与裁剪

目 录
CONTENTS

第三章　儿童套装　　　　　　　　Page 027

第四章　各种款式女童连衣裙　　　Page 037

第五章　分身上衣和大摆裙　　Page 067

婴幼儿套装

1. 开裆背带裤

单位：寸

部 位	总长（Z）	裤长（KC）	半臀围（T）
尺 寸	16	12	8.5

注：1寸＝3.33厘米，余同。

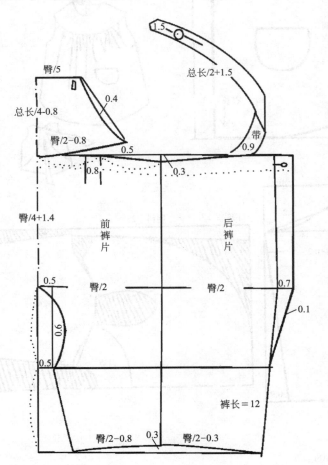

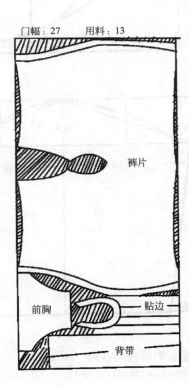

2.幼童围身

部　位	衣长（C）	半胸围（X）	肩宽（J）	领围（L）	袖长（SL）	增值（Q）	袖系基数（D）
尺　寸	13	12	9.6	10	9	3	15

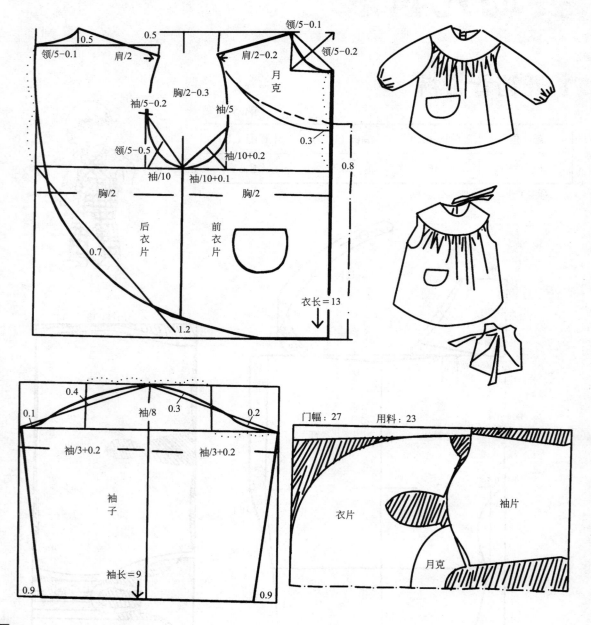

3.幼童套袖罩衫

部 位	衣长 （C）	半胸围 （X）	领围 （L）	袖长 （SL）	增值 （Q）	袖系基数 （D）
尺 寸	13	12	9	9	3	15

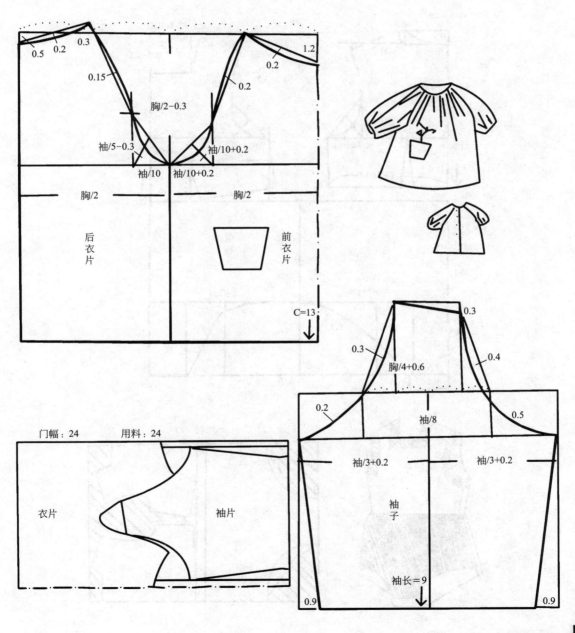

4.幼童夏装

单位：寸

部　位	总长 （Z）	半胸围 （X）	肩宽 （J）	领围 （L）	增值 （Q）	袖系基数 （D）
尺　寸	6	8	8	8	2	12

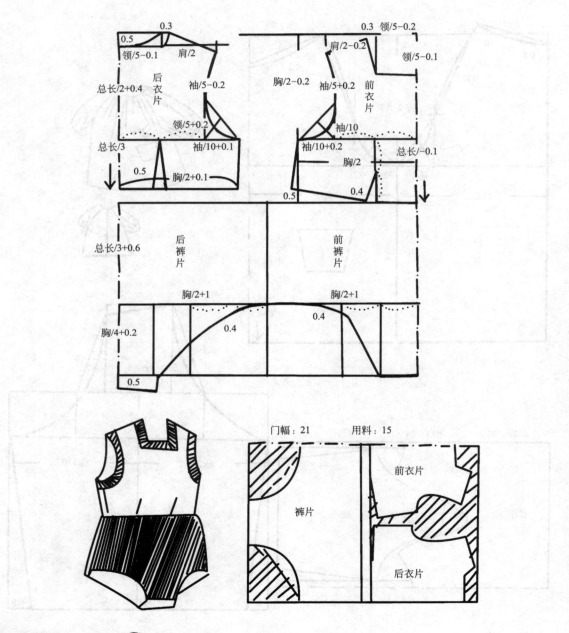

门幅：21　　　用料：15

5.婴儿套装

单位：寸

部　位	总长（Z）	衣长（C）	半胸围（X）	肩宽（J）	领围（L）	袖长（SL）	增值（Q）	袖系基数（D）	裤长（KC）	半胸围（T）
尺　寸	16	10	8.5	6.8	7.4	3	2	10.5	6.5	9

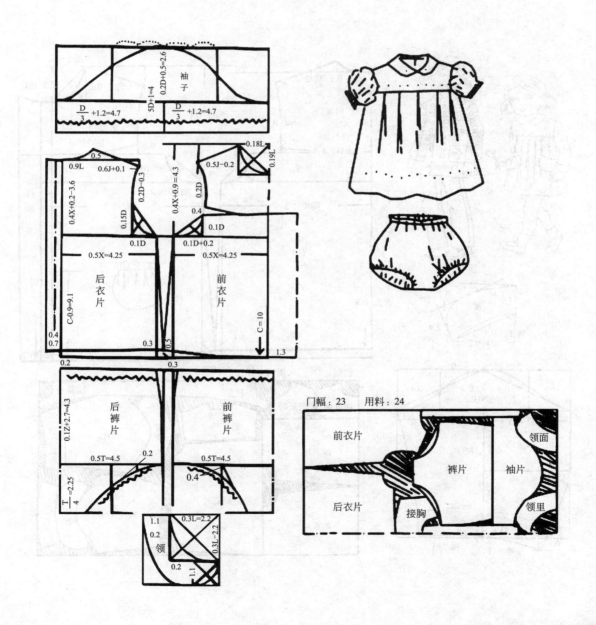

6. 娃娃衫

部 位	总长 （Z）	衣长 （C）	半胸围 （X）	肩宽 （J）	袖长 （SL）	领围 （L）	增值 （Q）	袖系基数 （D）
尺 寸	32	16	13	10.5	11.6	10.2	3	16

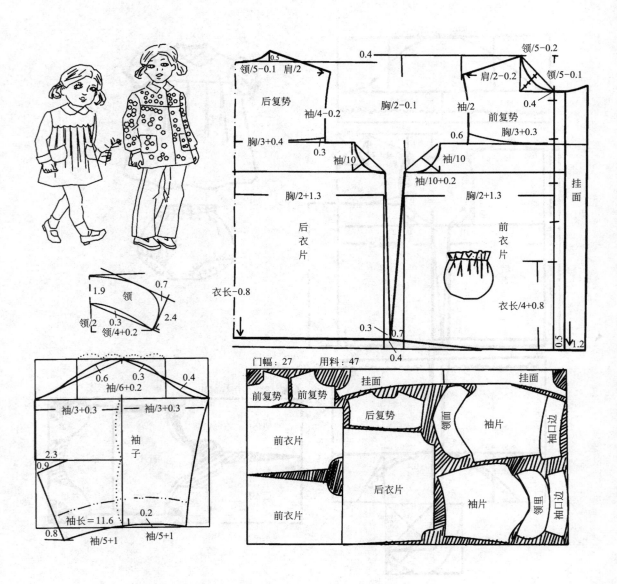

TONG ZHUANG DE ZHI BAN YU CAI JIAN

Page
006

7.婴儿斜襟衫

单位：寸

部 位	总长 （Z）	半胸围 （X）
尺 寸	14	8.5

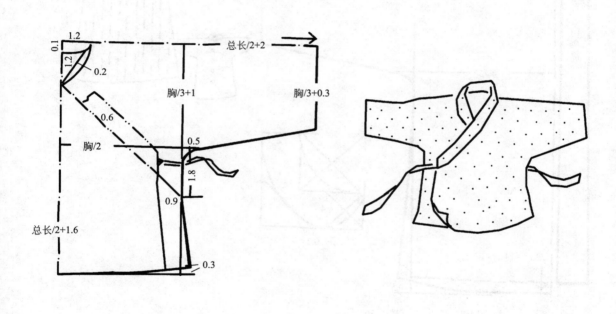

8.婴儿倒穿大袍

単位：寸

部 位	总长 （Z）	半胸围 （X）
尺 寸	14	10.5

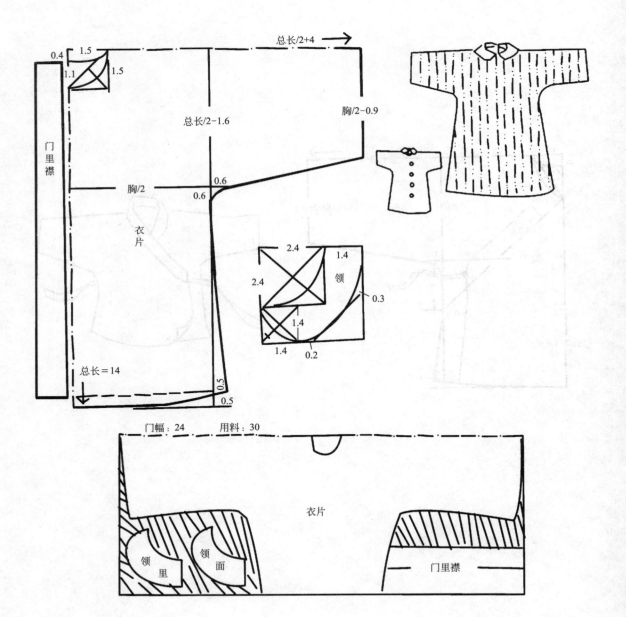

童装的制板与裁剪 ✂
TONG ZHUANG DE ZHI BAN YU CAI JIAN

9.婴儿斜襟棉袄

单位：寸

部 位	总长 （Z）	半胸围 （X）
尺 寸	14	9.5

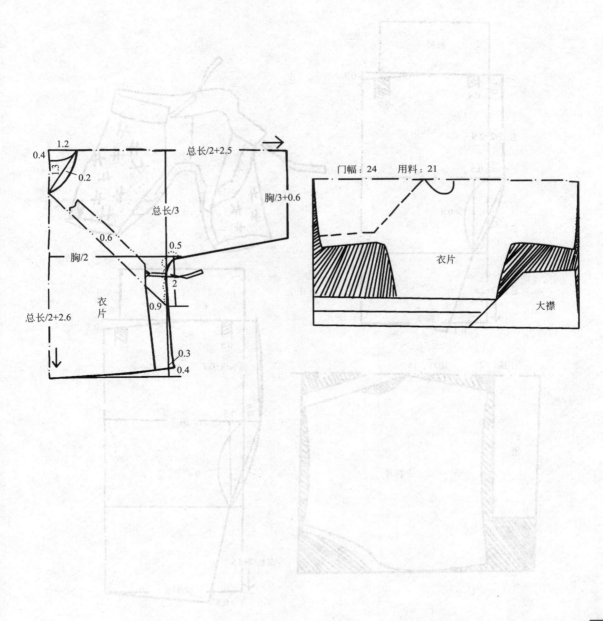

10.婴儿开裆裤

部 位	总长 （Z）	半胸围 （X）
尺 寸	14	9.5

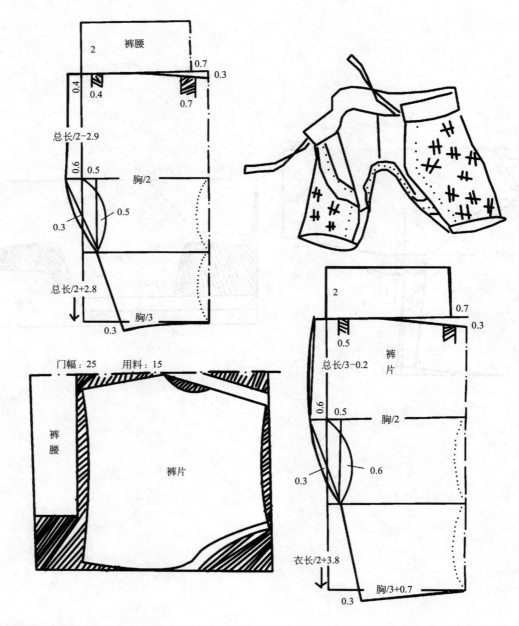

2
0.7
0.3
0.4
0.4
0.7
总长/2−2.9
0.6
0.5
胸/2
0.5
0.3
总长/2+2.8
胸/3
0.3

门幅：25　用料：15
裤腰
裤片

2
0.7
0.3
0.5
裤片
总长/3−0.2
0.6
0.5
胸/2
0.3
0.6
衣长/2+3.8
胸/3+0.7
0.3

11. 婴儿开裆棉裤

部　位	总长 （Z）	半胸围 （X）
尺　寸	14	9.5

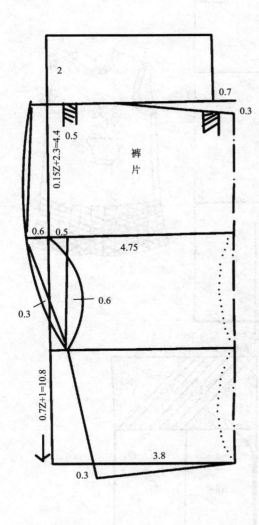

2

0.7

0.3

0.5

0.15Z+2.3=4.4

裤片

0.6 0.5

4.75

0.6

0.3

0.7Z+1=10.8

3.8

0.3

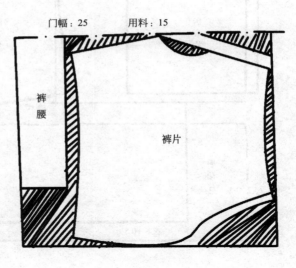

门幅：25　　用料：15

裤腰

裤片

12.短裙衫

单位：寸

部 位	总长（Z）	裙长（QC）	半胸围（X）	肩宽（J）	领围（L）	增值（Q）	袖系基数（D）
尺 寸	24	15.5	10	8	8	2	12

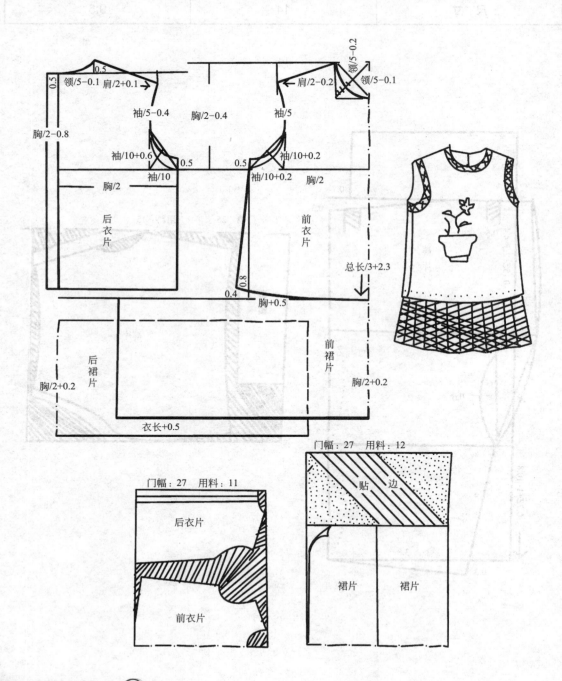

0.5
领/5−0.1　肩/2+0.1
0.5
胸/2−0.8
袖/5−0.4
胸/2−0.4
袖/10+0.6
袖/10
0.5
胸/2
后衣片

领/5−0.2
肩/2−0.2
领/5−0.1
袖/5
袖/10+0.2
0.5
袖/10+0.2
胸/2
前衣片

总长/3+2.3
0.8
0.4　胸+0.5

后裙片
胸/2+0.2

前裙片
胸/2+0.2

衣长+0.5

门幅：27　用料：11

后衣片

前衣片

门幅：27　用料：12

贴　边

裙片　　裙片

13. 田鸡衫裤

部　位	总长 （Z）	衣长 （C）	半胸围 （X）	肩宽 （J）
尺　寸	18	8	9	7.8

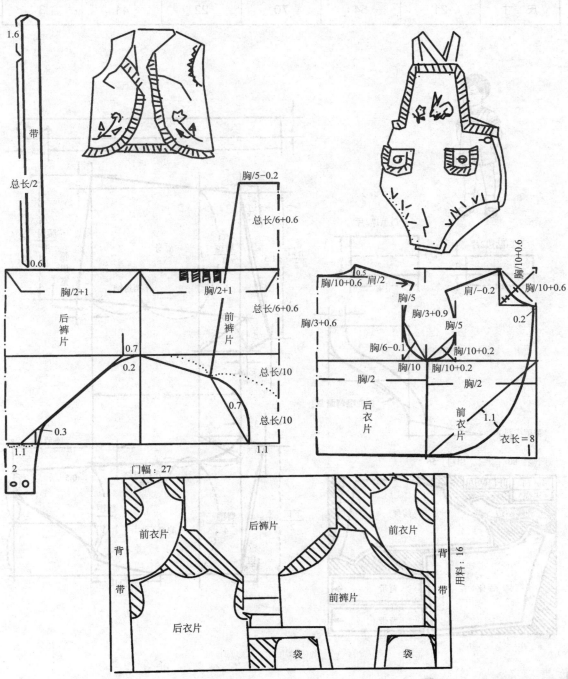

14. 儿童兜嘴短裤

単位：厘米

部 位	裤长 （KC）	腰围 （W）	臀围 （H）	腰节 （YJ）	下口 （XK）	下裆 （XD）
尺 寸	21	54	70	22	41	3

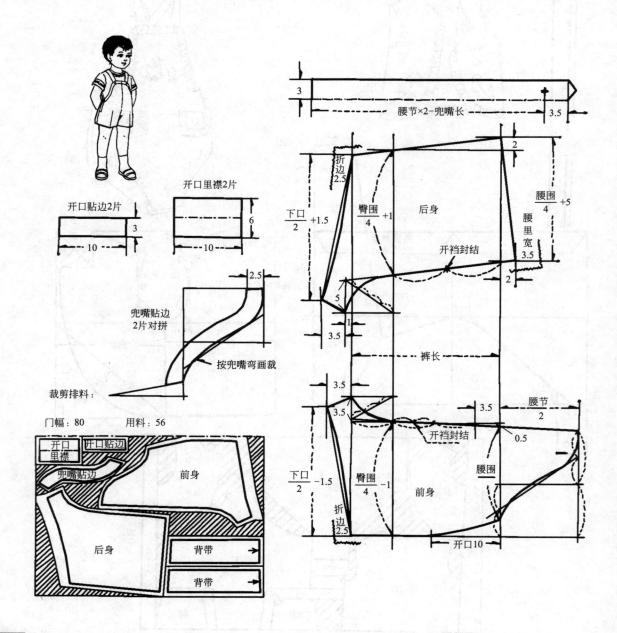

开口里襟2片

开口贴边2片

6

3

10

10

2.5

兜嘴贴边
2片对拼

按兜嘴弯画裁

裁剪排料：

门幅：80   用料：56

开口里襟

开口贴边

兜嘴贴边

前身

后身

背带

背带

3

腰节×2－兜嘴长

3.5

折边
2.5

2

$\frac{下口}{2}$+1.5

$\frac{臀围}{4}$+1

后身

$\frac{腰围}{4}$+5

开裆封结

腰里宽
3.5

2

5

1

3.5

裤长

3.5

3.5

3.5

腰节
2

开裆封结

0.5

$\frac{下口}{2}$-1.5

$\frac{臀围}{4}$-1

前身

腰围

折边
2.5

开口10

15.儿童连襟开裆裤

单位：厘米

部 位	裤长 （KC）	胸围 （B）	肩宽 （S）	领口 （L）	臀围 （H）	腰节 （YJ）	下口 （XK）	下裆 （XD）
尺 寸	63	64	25	27	75	21	30	22

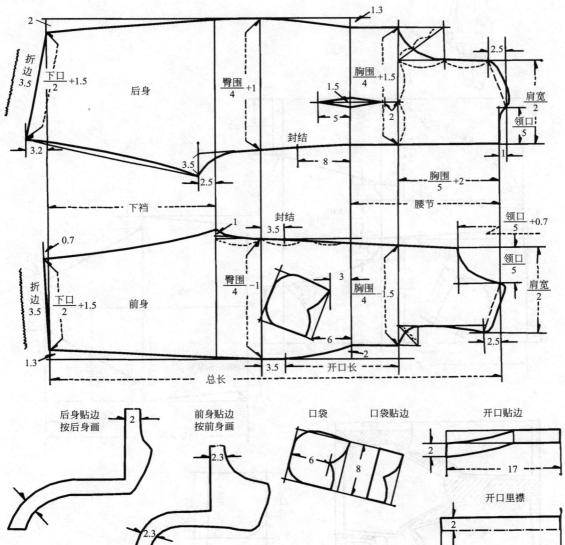

16.儿童罩衫

部 位	衣长（C）	半胸围（X）	肩宽（J）	领围（L）	袖长（SL）	增值（Q）	袖系基数（D）
尺 寸	38	33	9.6	30	30	3	15

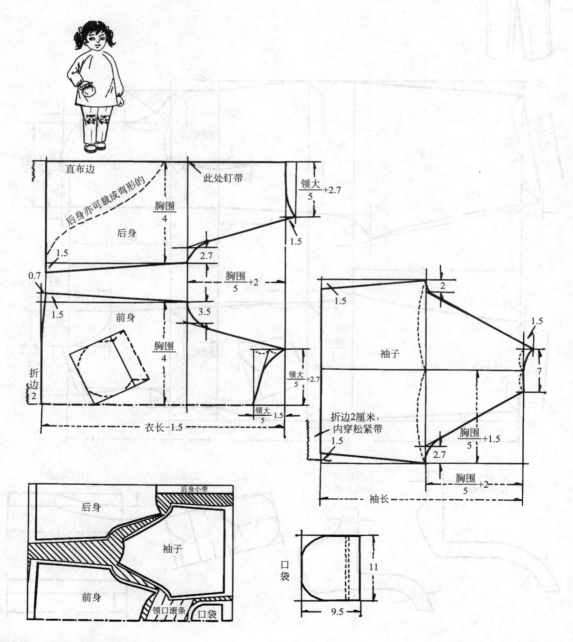

儿童衬衫

17. 男童长袖衬衫1

单位：寸

部　位	衣长（C）	半胸围（X）	肩宽（J）	袖长（SL）	领围（L）	袖系基数（D）	裙长（QC）	腰围（Y）	半臀围（X）	立裆（d）	脚口（K）
尺　寸	13	13	8.2	13	12.4	12	16	15.2	8.4	7.5	6

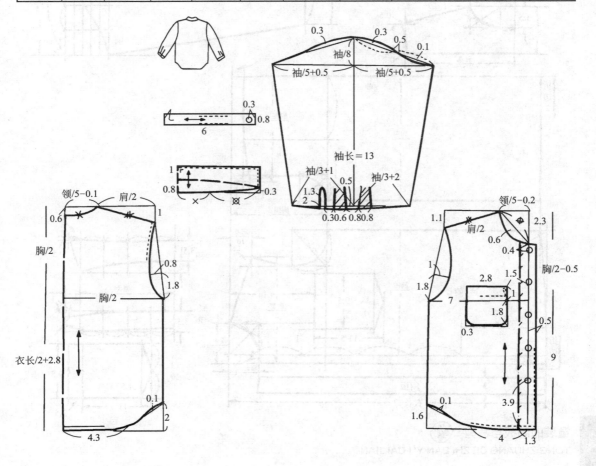

18.男童长袖衬衫2

部　位	衣长（C）	半胸围（X）	肩宽（J）	袖长（SL）	领围（L）	袖口（XK）	袖系基数（D）
尺　寸	50	40	34	40	30	16	12

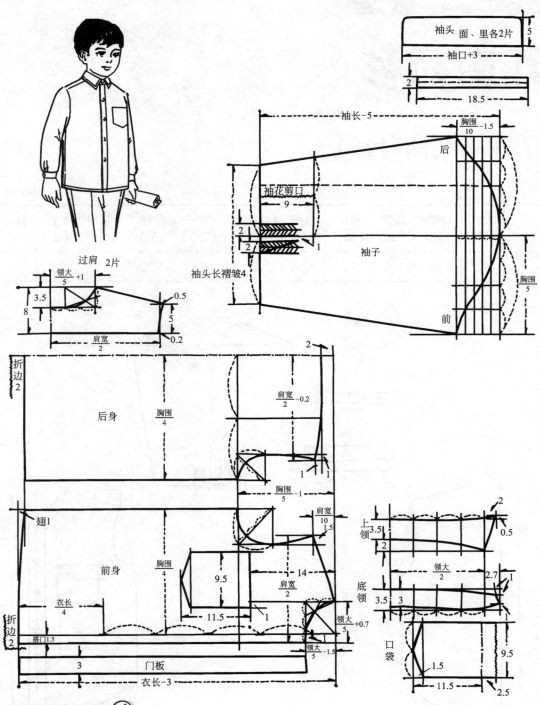

19.男童长袖衬衫3

部 位	衣长（C）	半胸围（X）	肩宽（J）	袖长（SL）	领围（L）	增值（Q）	袖系基数（D）
尺 寸	12	10	8.2	9.6	8.2	2	12

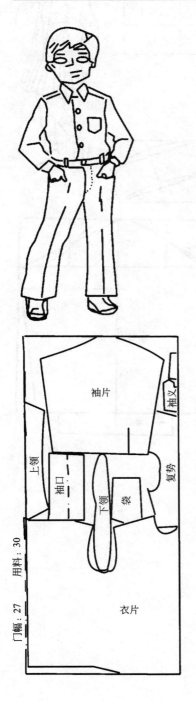

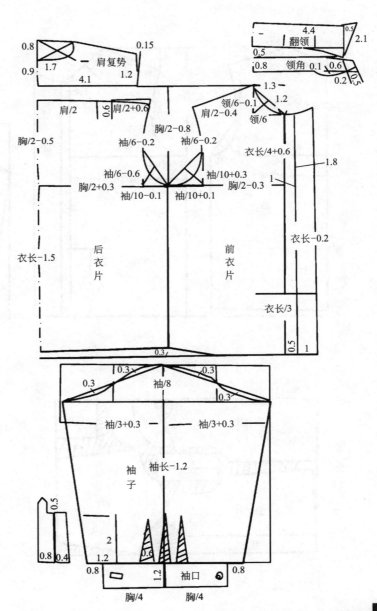

20. 女童长袖衬衫1

単位：寸

部 位	衣长（C）	半胸围（X）	肩宽（J）	袖长（SL）	领围（L）	增值（Q）	袖系基数（D）
尺 寸	12	10	8.2	9.6	8.2	2	12

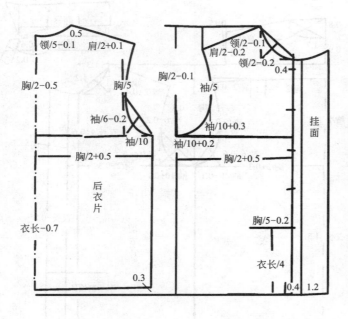

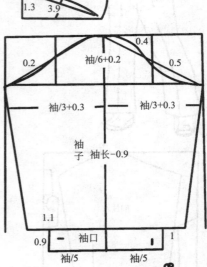

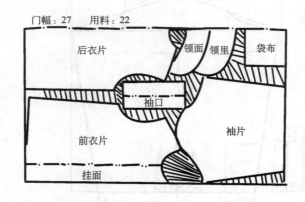

21. 女童长袖衬衫2

单位：厘米

部　位	衣长（C）	半胸围（X）	肩宽（J）	袖长（SL）	领围（L）	袖口（XK）	袖系基数（D）
尺　寸	43	35	30	33	28	15	12

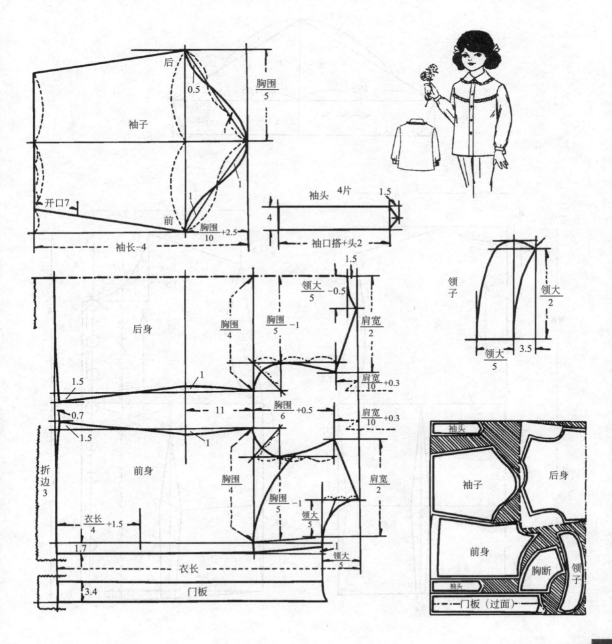

22. 女童半袖衬衫

单位：寸

部 位	衣长 （C）	半胸围 （X）	肩宽 （J）	袖长 （SL）	领围 （L）	增值 （Q）	袖系基数 （D）
尺 寸	17.7	16	9.2	17	8.2	2	12

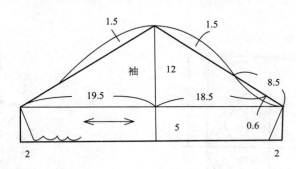

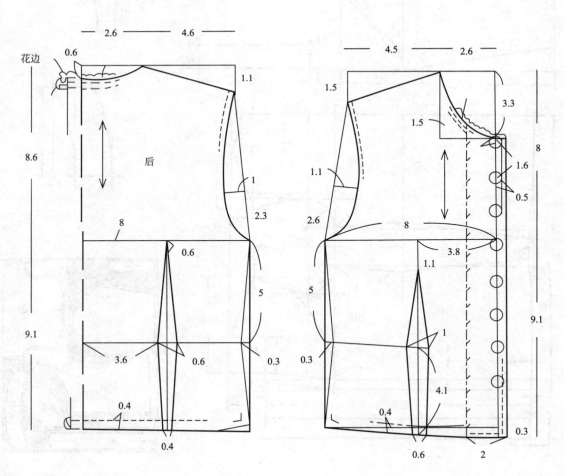

23.男童短袖衫

部　位	衣长（C）	半胸围（X）	肩宽（J）	袖长（SL）	领围（L）	袖口（XK）	袖系基数（D）
尺　寸	49	40	34	12	30	29	12

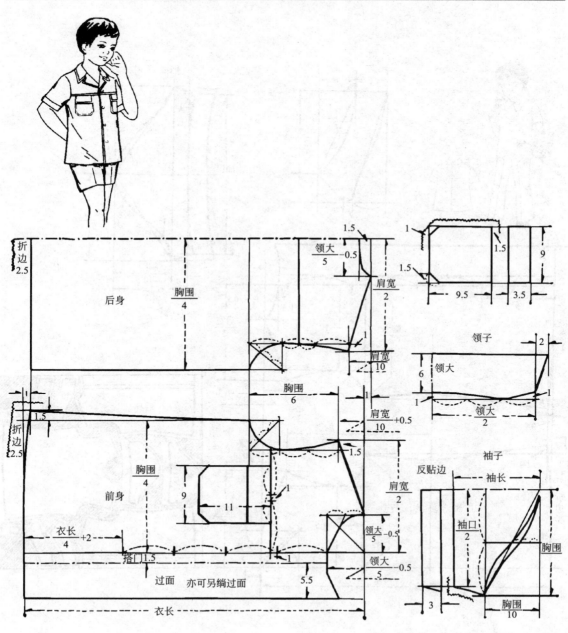

24. 女童短袖衫

单位：厘米

部　位	衣长（C）	半胸围（X）	肩宽（J）	袖长（SL）	领围（L）	袖口（XK）	袖系基数（D）
尺　寸	49	40	33	12	30	29	12

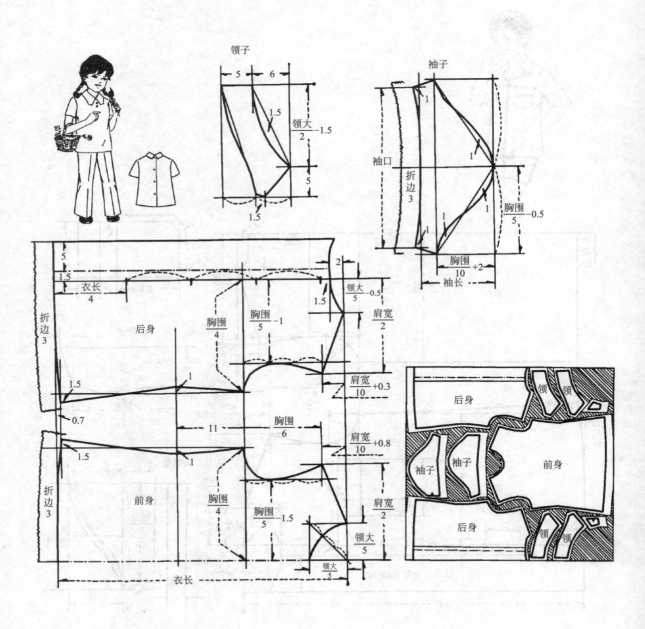

25. 男童夏套装

单位：寸

部 位	尺 寸
总长（Z）	24
衣长（C）	10.5
半胸围（X）	11
肩宽（J）	9
袖长（SL）	3.7
领围（L）	8.4
增值（Q）	2
袖系基数（D）	13
裤长（KC）	8.5

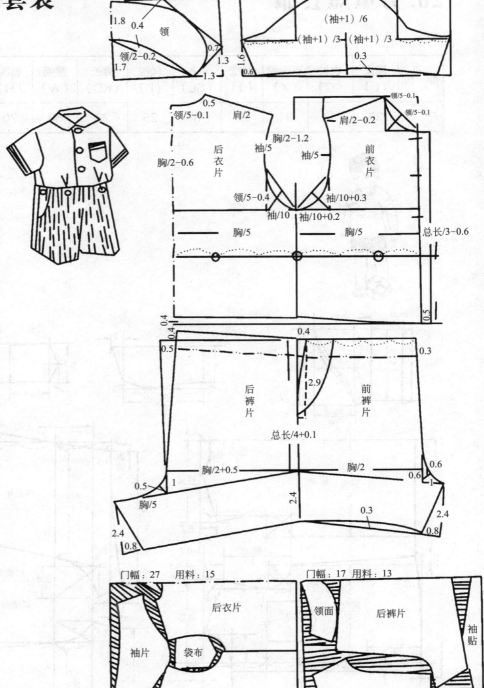

领

1.8　0.4
领/2-0.2
1.7
0.7
1.3
1.3
1.6
0.6

（袖+1）/6
（袖+1）/3　（袖+1）/3
0.3

0.5
领/5-0.1　肩/2
胸/2-0.6　后衣片　胸/2-1.2　袖/5
领/5-0.4　袖/10　袖/10+0.2
胸/5
肩/2-0.2　领/5-0.1
领/5-0.1
前衣片　袖/5
袖/10+0.3
胸/5
总长/3-0.6
0.5

0.4
0.4
0.5　后裤片　2.9　前裤片　0.3　0.4
总长/4+0.1
胸/2+0.5　胸/2
0.6　0.6
0.5　1　1
胸/5　2.4
2.4　0.8　0.3　0.8　2.4

门幅：27 用料：15
后衣片
袖片　袋布
前衣片
挂面

门幅：17 用料：13
领面　后裤片　袖贴
前裤片　领里

26.男童短套服

单位：厘米

部　位	领大（L）	衣长（C）	半胸围（X）	肩宽（J）	袖长（SL）	领围（L）	裤长（KC）	腰围（W）	臀围（H）	上裆（SD）	下口（SK）
尺　寸	25	32	31	26	8	25	23	50	70	21	40

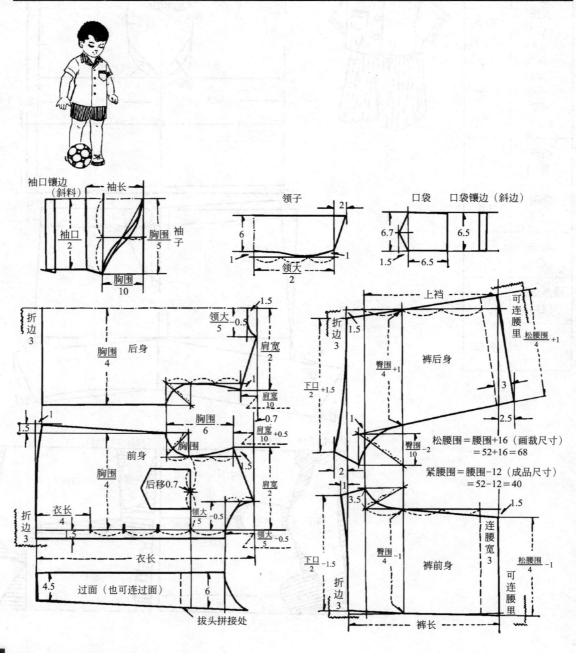

第三章 CHAPTER 3

儿童套装

27. 儿童西服

单位：寸

部　位	尺　寸
总长（Z）	32
衣长（C）	17
半胸围（X）	13
肩宽（J）	10.5
袖长（SL）	14
领围（L）	10.2
增值（Q）	3
袖系基数（D）	15.8

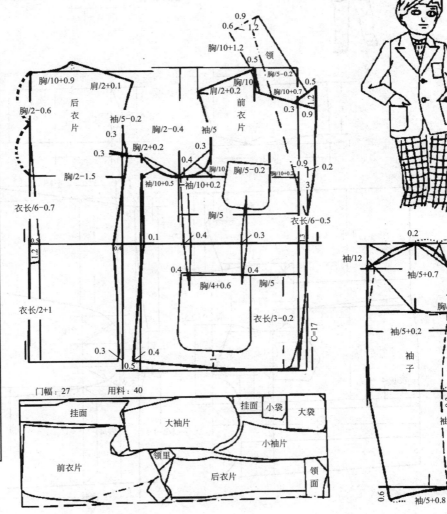

28.男童套装

单位：厘米

部　位	总长（Z）	裤长（KC）	半腰围（Y）	半臀围（T）	立裆（d）	脚口（K）
尺　寸	30	30	29	40	8	44

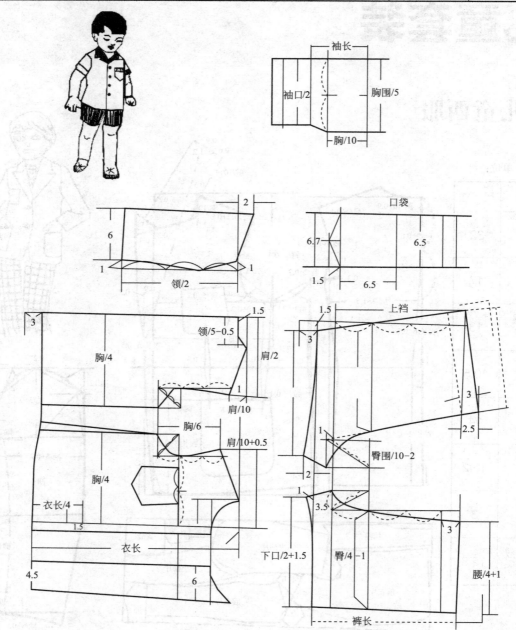

袖长

袖口/2　　胸围/5

胸/10

2

6

1　　领/2　　1

口袋

6.7　　　　6.5

1.5　　6.5

1.5

领/5−0.5

肩/2

3

胸/4

1

肩/10

胸/6

肩/10+0.5

胸/4

衣长/4

1.5

衣长

4.5　　　　6

1.5

上裆

3

3

2.5

臀围/10−2

1

2

1

3.5

3

下口/2+1.5　　臀/4−1　　腰/4+1

裤长

29. 儿童长袖套装

单位：寸

部　位	总长（Z）	衣长（C）	半胸围（X）	肩宽（J）	袖长（SL）	领围（L）	增值（Q）	袖系基数（D）	裤长（KC）
尺　寸	24	16.3	13.2	9	12	8.4	2	13	12.5

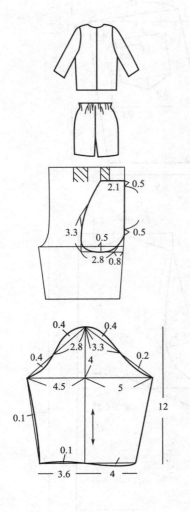

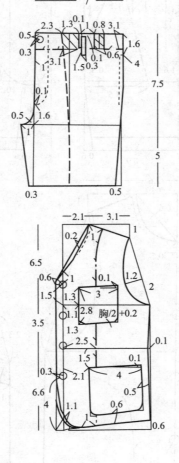

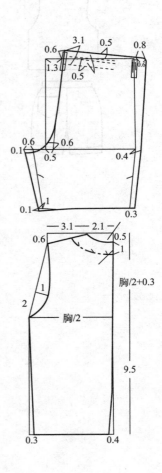

30.背心短裤套装

单位：寸

部　位	总长（Z）	衣长（C）	半胸围（X）	肩宽（J）	领围（L）	增值（Q）	袖系基数（D）	裤长（KC）
尺　寸	24	15.6	13.2	5.2	8.4	2	13	12.1

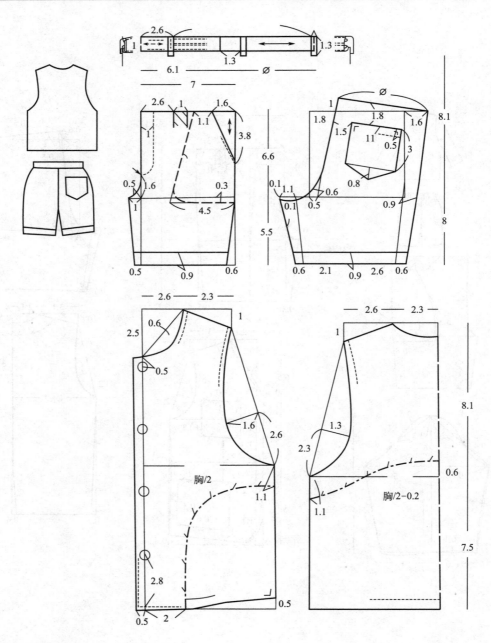

31.帽领短裤套装

部　位	总长 （Z）	衣长 （C）	半胸围 （X）	肩宽 （J）	袖长 （SL）	领围 （L）	增值 （Q）	袖系基数 （D）	裤长 （KC）
尺　寸	32.1	16.8	14	6.2	13	8.4	2	13	15.3

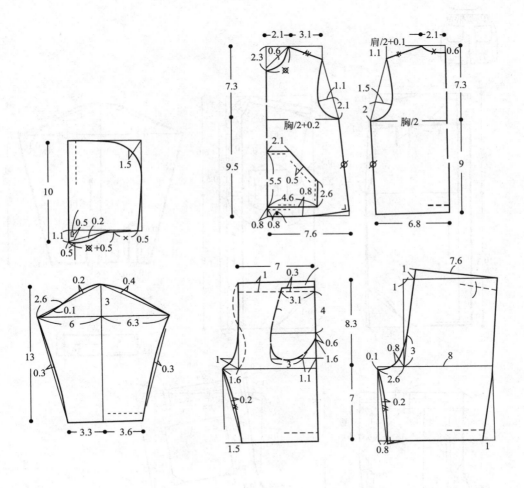

第三章　儿童套装
CHAPTER 3
Page

32.衬衫短裤套装

单位：寸

部　位	总长 （Z）	衣长 （C）	半胸围 （X）	肩宽 （J）	袖长 （SL）	领围 （L）	增值 （Q）	袖系基数 （D）	裤长 （KC）
尺　寸	27	16.3	14	8.6	15	8.4	2	13	9.6

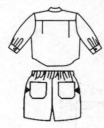

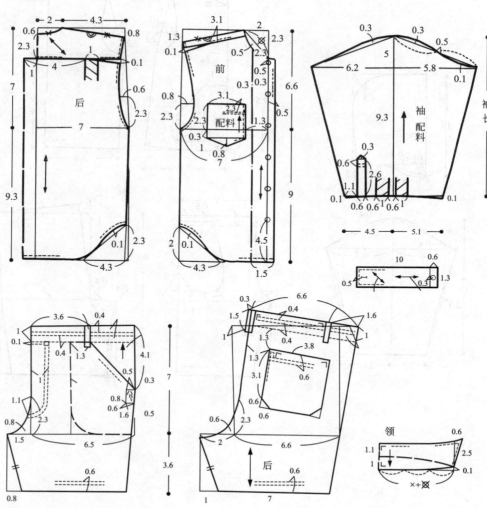

33.儿童背心套装1

部　位	衣长 （C）	半胸围 （X）	肩宽 （J）	增值 （Q）	袖系基数 （D）	裤长 （KC）	半腰围 （Y）	半臀围 （T）	立裆 （d）	脚口 （K）
尺　寸	12.4	12	10	3	15	23.5	9	12	7	7

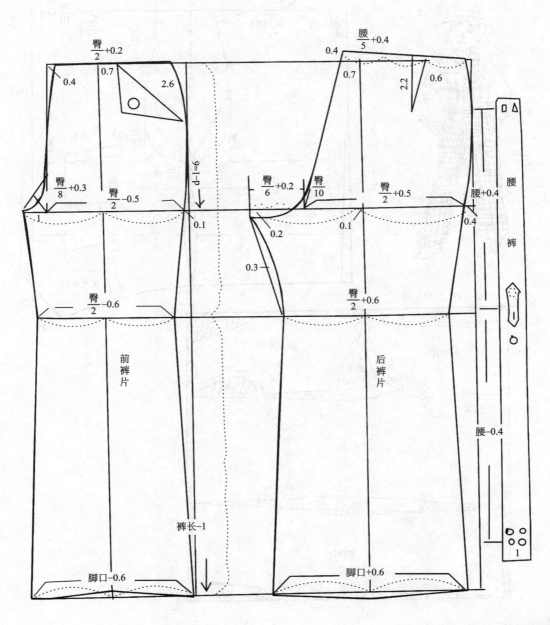

34. 儿童背心套装2

部 位	总长 （Z）	衣长 （C）	半胸围 （X）	肩宽 （J）	袖长 （SL）	领围 （L）	增值 （Q）	袖系基数 （D）
尺 寸	12.6	12.4	12	11	14	10.2	3	18

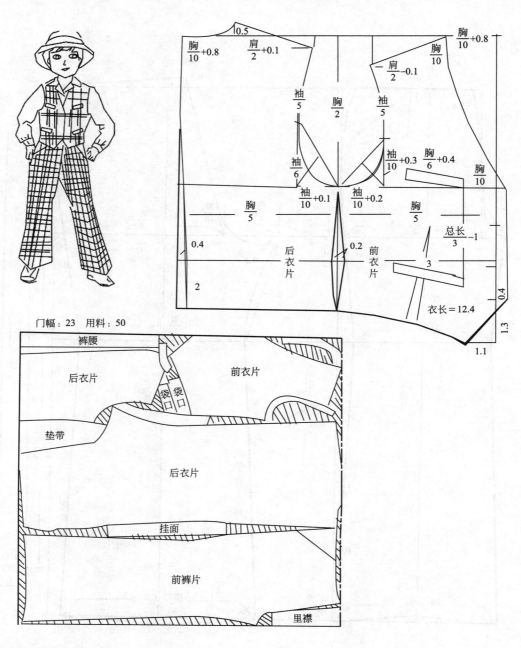

门幅：23　用料：50

Page 034　童装的制板与裁剪　TONG ZHUANG DE ZHI BAN YU CAI JIAN

35.明兜连身套装

单位：寸

部位	尺寸
总长（Z）	83
衣长（C）	11.8
半胸围（X）	15.6
肩宽（J）	8.2
袖长（SL）	15
领围（L）	12.4
袖系基数（D）	12
裤长（KC）	24.6
腰围（Y）	15.2
半臀围（X）	8.4
立裆（d）	7.5
脚口（K）	6

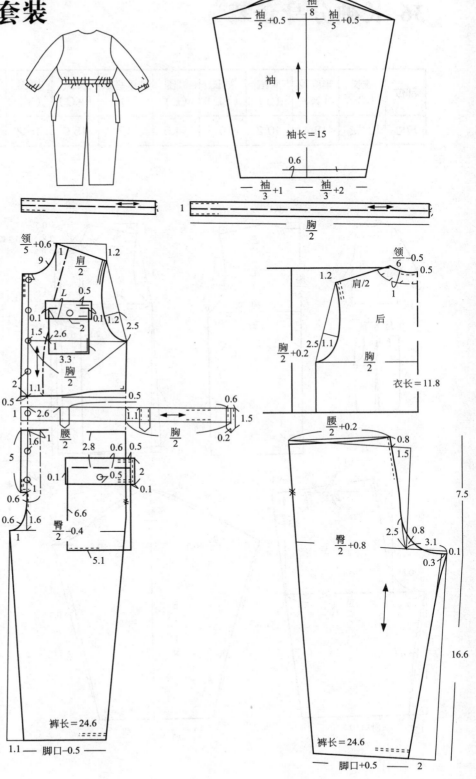

36.长袖分身套装

部位	衣长（C）	半胸围（X）	肩宽（J）	袖长（SL）	领围（L）	袖系基数（D）	裤长（KC）	腰围（Y）	半臀围（X）	立裆（d）	脚口（K）
尺寸	24.2	18.4	10.2	9	14.5	12	15.9	15.2	14.6	7.3	7.3

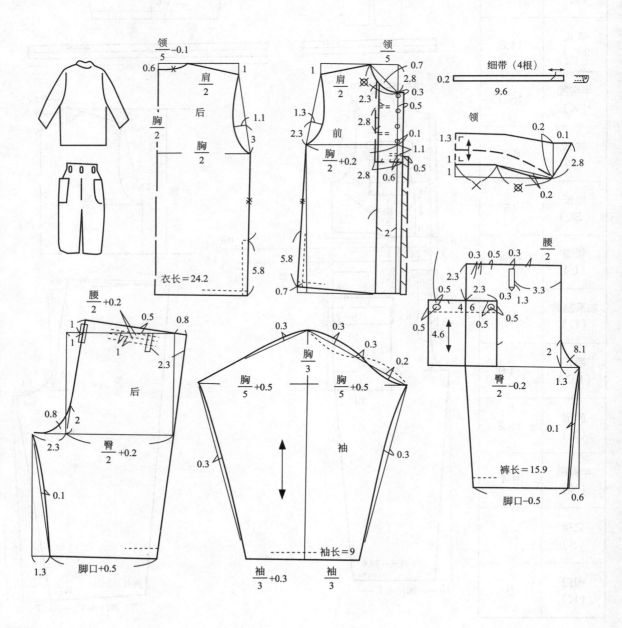

第四章 CHAPTER 4

各种款式女童连衣裙

37.女童马甲套裙

单位：寸

部位	尺寸
衣长（C）	12.4
半胸围（X）	12
肩宽（J）	11
裙长（QC）	16
领围（L）	10.2
增值（Q）	3

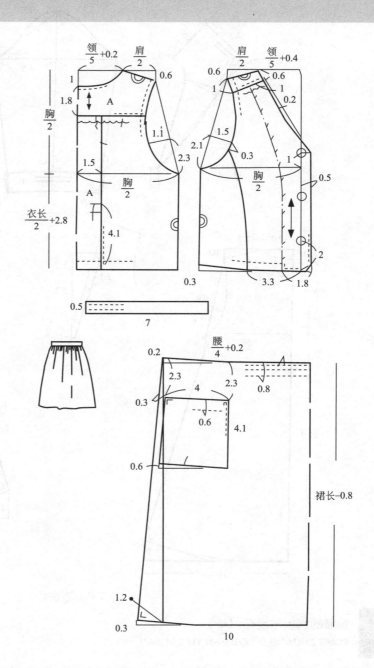

38.披肩领长袖连衣裙

单位：寸

部　位	总长 （Z）	裙长 （QC）	半胸围 （X）	肩宽 （J）	袖长 （SL）	领围 （L）	增值 （Q）	袖系基数 （D）
尺　寸	26	22.9	12.6	5.6	14	8.5	2	12

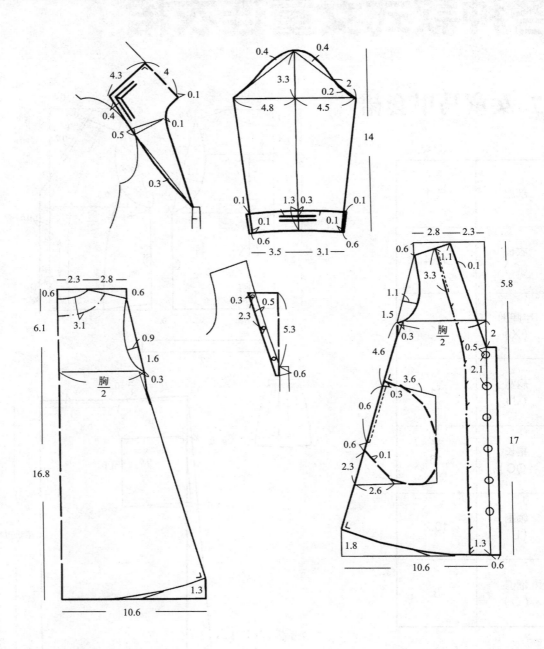

39.盆领打褶连衣裙

部 位	总长 （Z）	衣长 （QC）	半胸围 （X）	肩宽 （J）	袖长 （SL）	领围 （L）	增值 （Q）	袖系基数 （D）
尺 寸	26	11.8	13.2	7.2	14	11.2	6	20

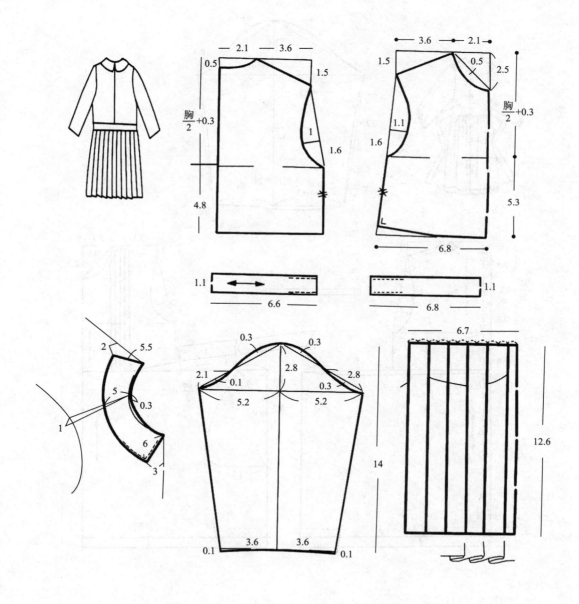

40.系扣打褶连衣裙

单位：寸

部　位	总长 （Z）	衣长 （C）	半胸围 （X）	肩宽 （J）	袖长 （SL）	领围 （L）	增值 （Q）
尺　寸	35	24	15	8.2	14	12	3

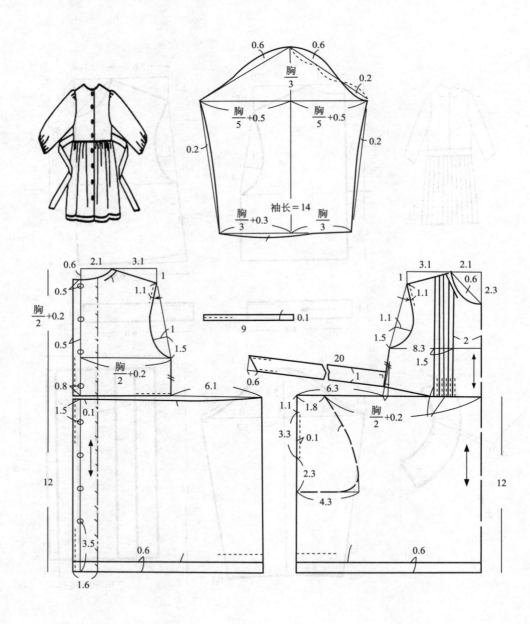

41. 长袖衬衫背带裙

单位：寸

部 位	总长（Z）	衣长（C）	半胸围（X）	肩宽（J）	裙长（QC）	领围（L）	增值（Q）
尺 寸	35	14.6	13	6.2	21	10.2	3

42.无袖大摆连衣裙

部 位	总长（Z）	衣长（C）	半胸围（X）	肩宽（J）	领围（L）	增值（Q）	袖系基数（D）
尺 寸	24	14.8	16	9.2	8.2	2	12

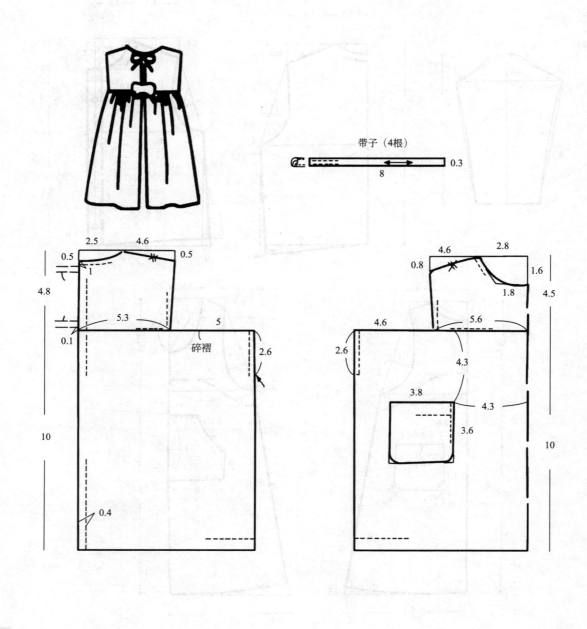

带子（4根）

43.明兜背带裙

部 位	衣长（C）	半胸围（X）	肩宽（J）	领围（L）	增值（Q）	袖系基数（D）
尺 寸	25.6	12.6	6.2	8.2	2	12

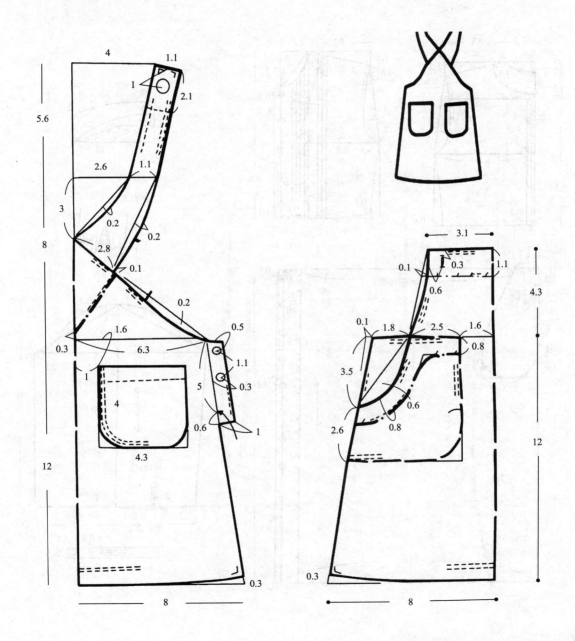

44. 长袖打褶连衣裙

单位：寸

部　位	总长 （Z）	衣长 （C）	半胸围 （X）	肩宽 （J）	袖长 （SL）	领围 （L）	增值 （Q）	袖系基数 （D）
尺　寸	40	27	12.6	6.2	36	8.2	2	12

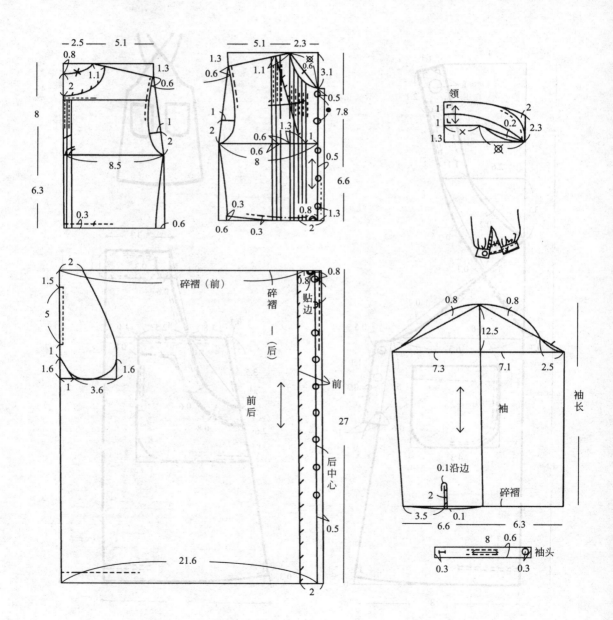

45.长袖连衣裙

部　位	衣长 （C）	半胸围 （X）	肩宽 （J）	袖长 （SL）	领围 （L）	增值 （Q）	袖系基数 （D）
尺　寸	27	13.2	7	12	8.2	2	12

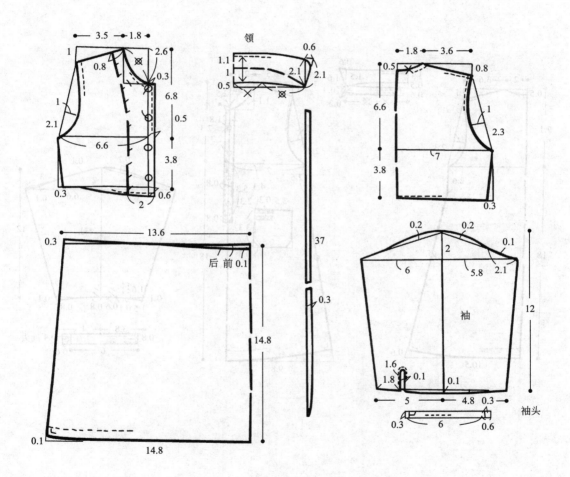

第四章　各种款式女童连衣裙

CHAPTER 4

Page
045

46. 长袖大摆连衣裙

单位：寸

部　位	衣长（C）	半胸围（X）	肩宽（J）	袖长（SL）	领围（L）	增值（Q）	袖系基数（D）
尺　寸	25.1	14	7.2	12	8.2	2	12

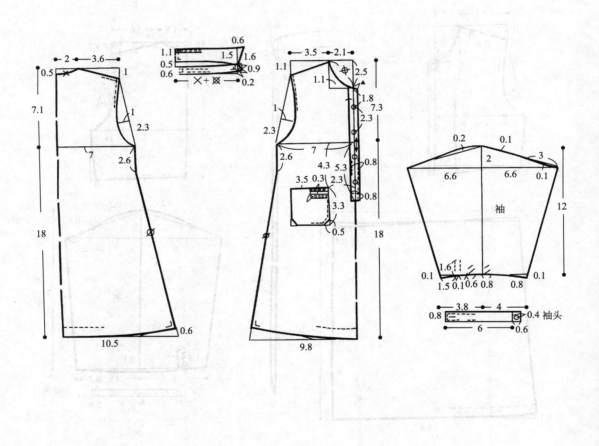

47.紧袖衬衫分层裙

单位：寸

部　位	衣长（C）	半胸围（X）	肩宽（J）	袖长（SL）	领围（L）	增值（Q）	袖系基数（D）
尺　寸	19	18	10	12	8.2	2	12

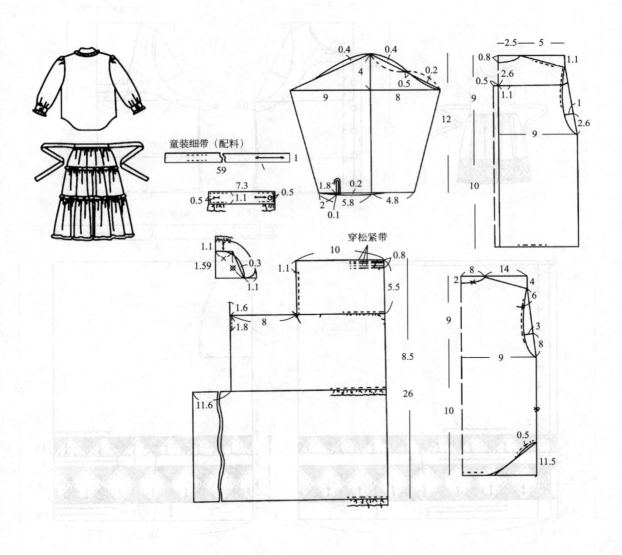

童装细带（配料）

48.背带系扣连衣裙

部　位	衣长（C）	半胸围（X）	肩宽（J）	领围（L）	增值（Q）	袖系基数（D）
尺　寸	15.8	18	8	8.2	2	12

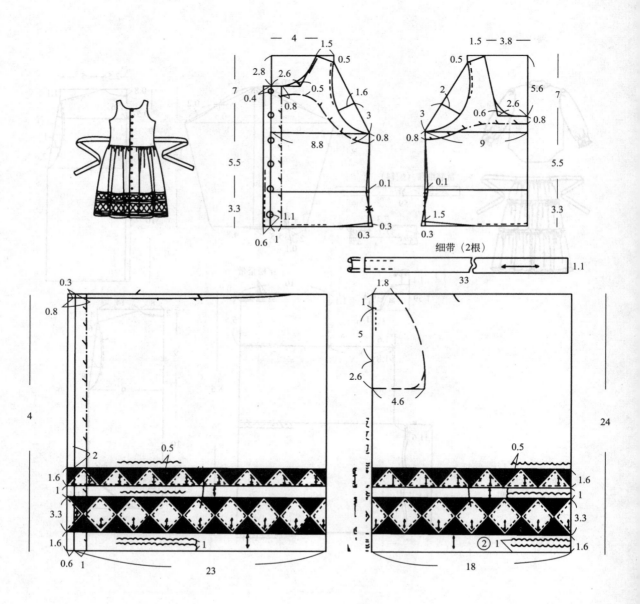

细带（2根）

49.无袖系扣连衣裙

部 位	衣长（C）	半胸围（X）	肩宽（J）	领围（L）	增值（Q）	袖系基数（D）
尺 寸	11.1	12.2	4.2	8.2	2	12

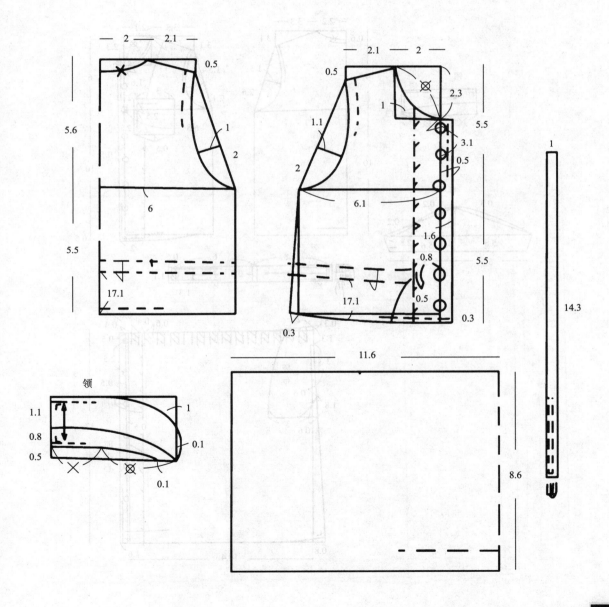

第四章 各种款式女童连衣裙

Page
049

50. 半袖连衣裙

单位：寸

部位	衣长（C）	半胸围（X）	肩宽（J）	领围（L）	袖长（SL）	增值（Q）	袖系基数（D）	裙长（QC）	半臀围（H）
尺寸	19	13.8	6.6	7.4	3.4	2	10.5	17	14.4

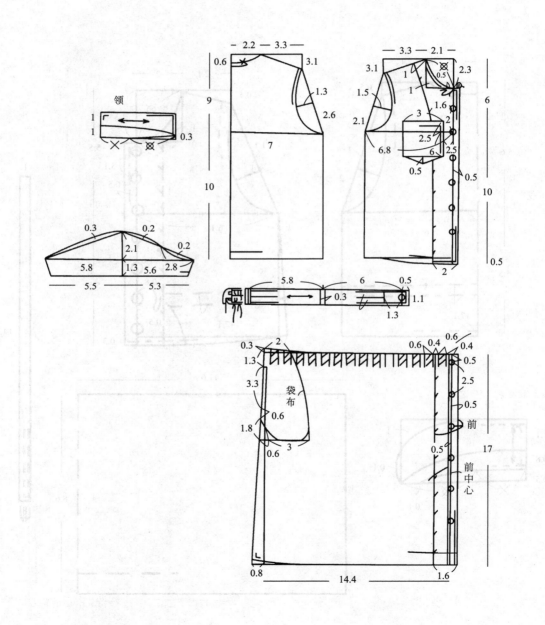

51.半袖三开领连衣裙

单位：寸

部 位	衣长（C）	半胸围（X）	肩宽（J）	袖长（SL）	领围（L）	裙长（QC）	半臀围（H）
尺 寸	12.8	15.6	8	6.3	8.2	27	21

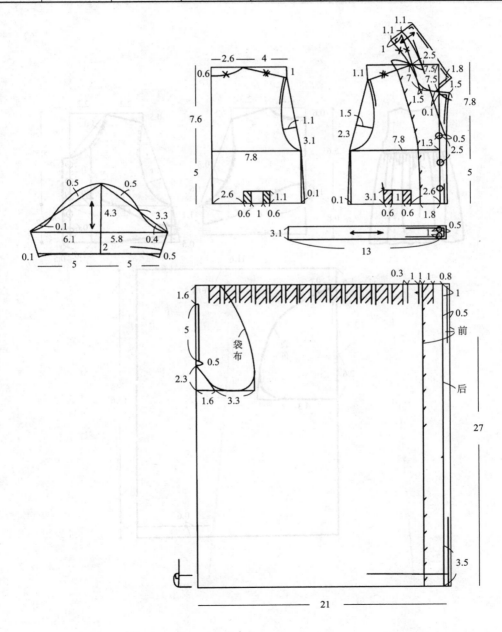

52.女童无袖连衣裙

部　位	衣长（C）	半胸围（X）	肩宽（J）	裙长（QC）	领围（L）	半臀围（H）
尺　寸	7.7	12	4.4	16	10.2	11.6

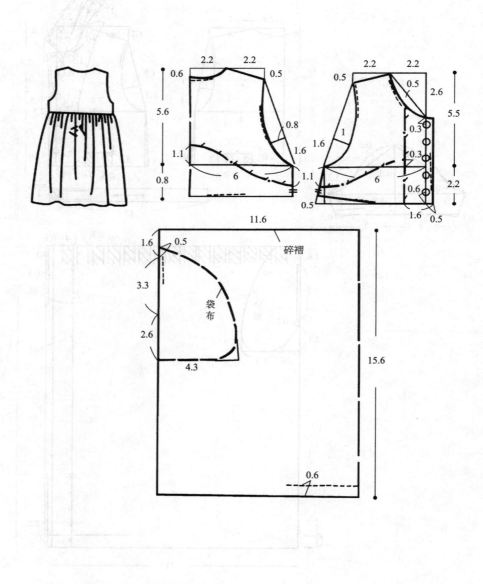

53.蝴蝶结围裙

部 位	衣长 （C）	半胸围 （X）	肩宽 （J）	领围 （L）
				单位：寸
尺 寸	20.6	12.3	5	8.2

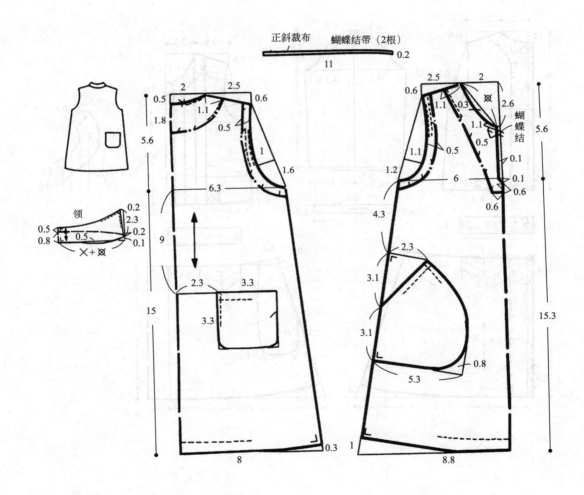

正斜裁布　　蝴蝶结带（2根）

54.盆领打褶连衣裙

单位：寸

部 位	衣长（C）	半胸围（X）	肩宽（J）	袖长（SL）	领围（L）
尺 寸	12.3	12.6	5.2	12.9	8.2

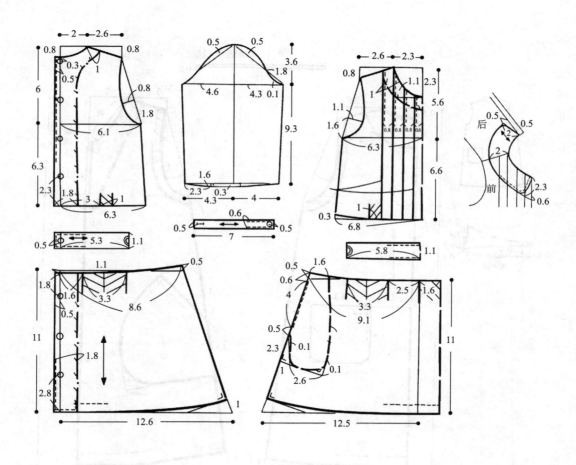

55.长袖盆领连衣裙

部　位	衣长 （C）	半胸围 （X）	肩宽 （J）	袖长 （SL）	领围 （L）	增值 （Q）
尺　寸	9.6	12.2	5.6	13.5	8.2	2

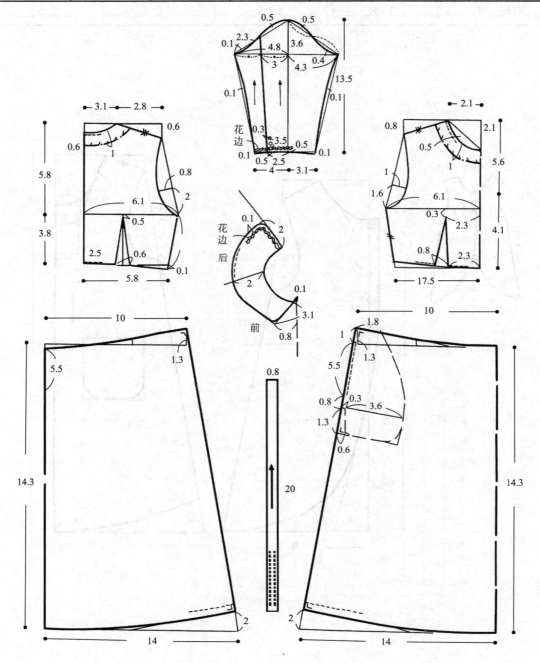

56.圆翘马甲裙

单位：寸

部 位	裙长（QC）	半胸围（X）	肩宽（J）	领围（L）
尺 寸	14.8	12.6	6	8.5

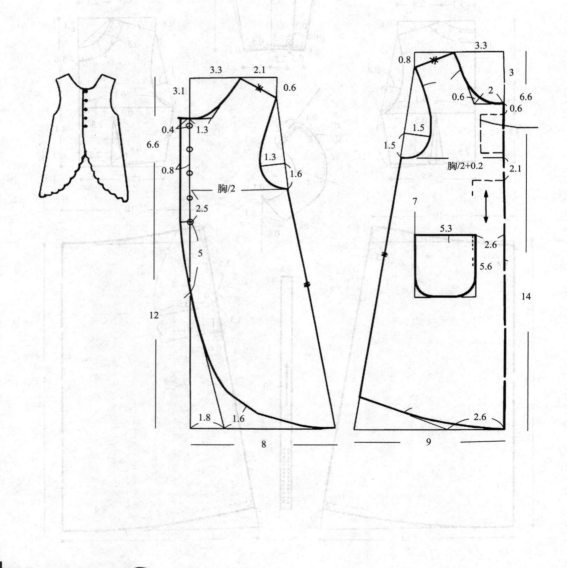

57.圆领长袖连衣裙

单位：寸

部　位	裙长（QC）	半胸围（X）	肩宽（J）	袖长（SL）	领围（L）	增值（Q）	袖系基数（D）
尺　寸	14.8	12.6	6	10.1	8.5	2	12

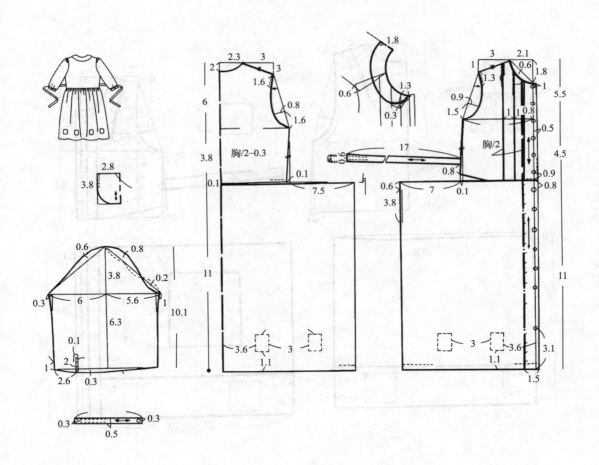

58. 无袖方领连衣裙

单位：寸

部　位	裙长（QC）	半胸围（X）	肩宽（J）	领围（L）	增值（Q）	袖系基数（D）
尺　寸	17.6	11.6	4.6	8.5	2	12

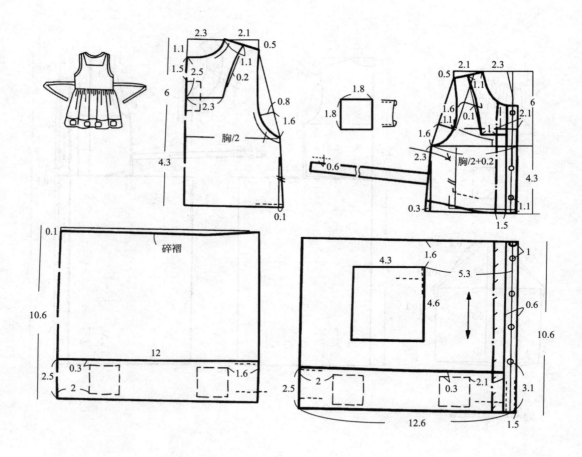

59.圆领长袖大摆裙

单位：寸

部　位	衣长 （C）	半胸围 （X）	肩宽 （J）	袖长 （SL）	领围 （L）	增值 （Q）
尺　寸	10.2	14	6	14	10.2	3

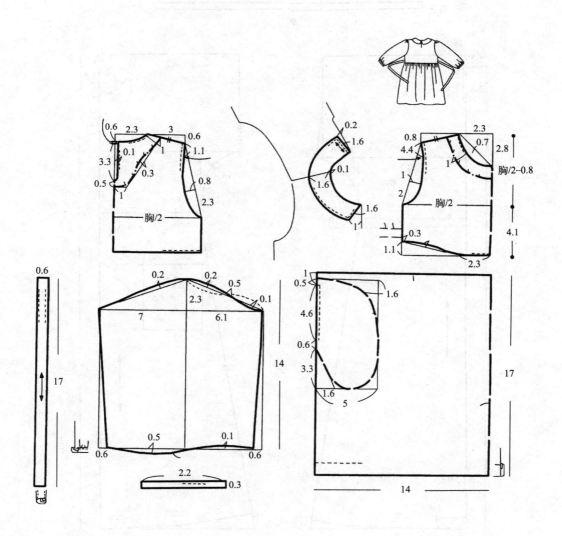

60.过肩袖散摆裙

单位：寸

部　位	衣长（C）	半胸围（X）	肩宽（J）	袖长（SL）	领围（L）	增值（Q）	袖系基数（D）
尺　寸	24.5	14	11	3.7	11.2	6	20

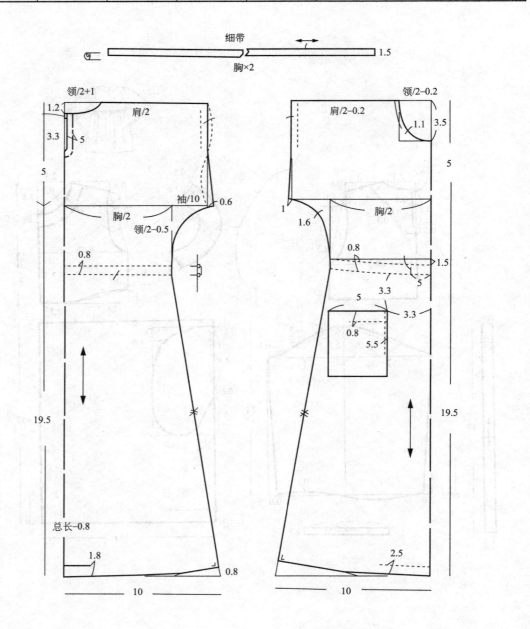

61.泡泡袖连衣裙

单位：寸

部 位	总长（Z）	裙长（QC）	半胸围（X）	肩宽（J）	袖长（SL）	领围（L）	增值（Q）	袖系基数（D）
尺 寸	26	18.4	10	8.2	3.9	8.5	2	12

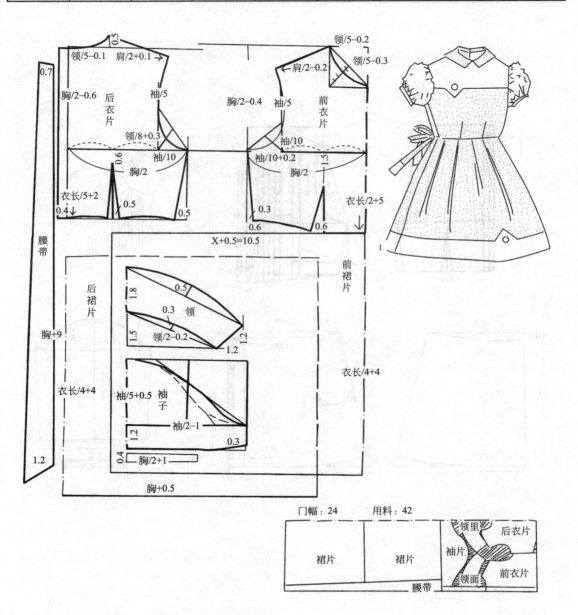

门幅：24　　用料：42

62.盆领长袖连衣裙

部　位	衣长（C）	半胸围（X）	肩宽（J）	袖长（SL）	领围（L）	增值（Q）	袖系基数（D）
尺　寸	17	12.6	6.2	12.4	8.2	2	12

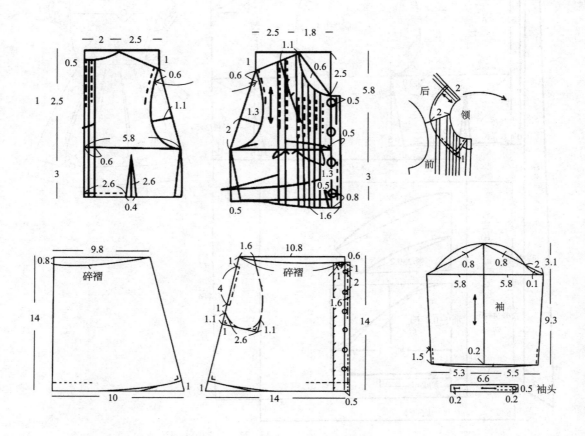

63.女童松紧裙

单位：厘米

部 位	裙长（QC）	半胸围（X）	肩宽（J）	袖长（SL）	领围（L）	增值（Q）	袖系基数（D）
尺 寸	38	29	26	9	25	2	12

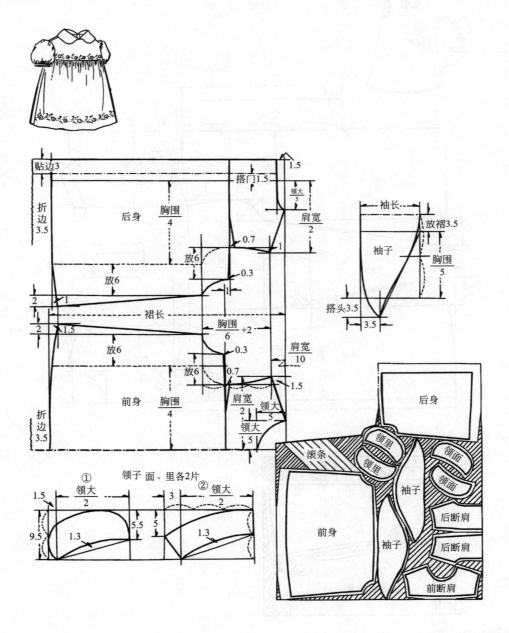

64. 女童直腰裙

单位：厘米

部　位	裙长 （QC）	半胸围 （X）	肩宽 （J）	领围 （L）
尺　寸	44	31	25	26

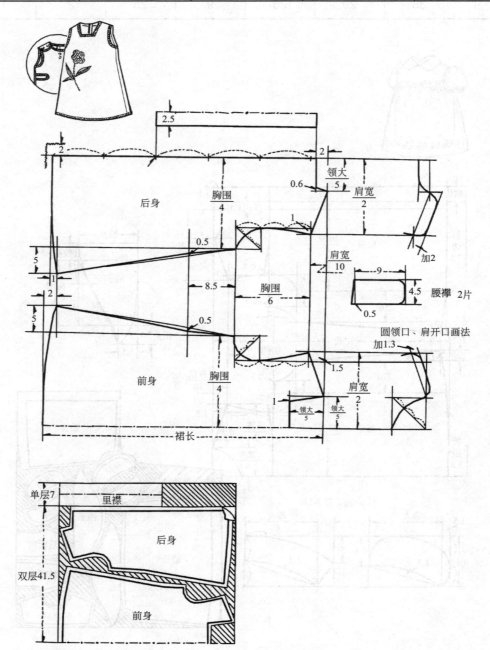

65. 女童中腰裙

部 位	裙长（QC）	腰节（YJ）	半胸围（X）	肩宽（J）	袖长（SL）	领围（L）	腰围（W）	袖口（XK）
尺 寸	60	26	35	30	13	28	64	20

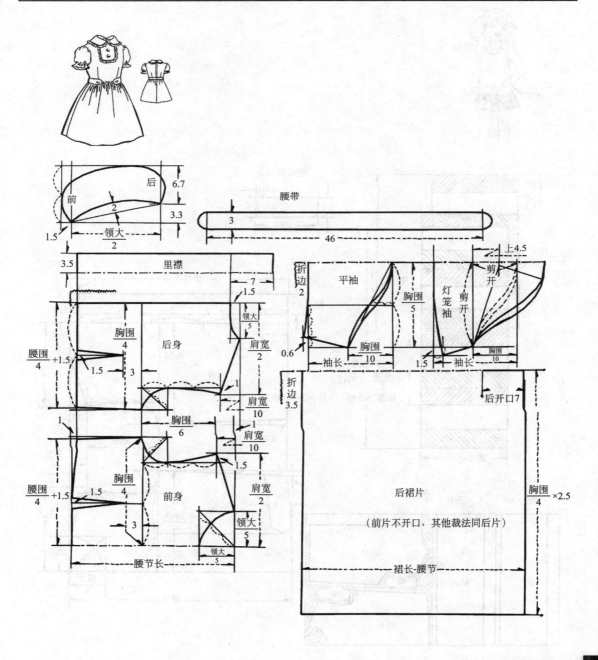

66. 女童低腰裙

单位：厘米

部　位	裙长（QC）	腰节（YJ）	半胸围（X）	肩宽（J）	领围（L）	腰围（W）
尺　寸	47	34	32	26	27	63

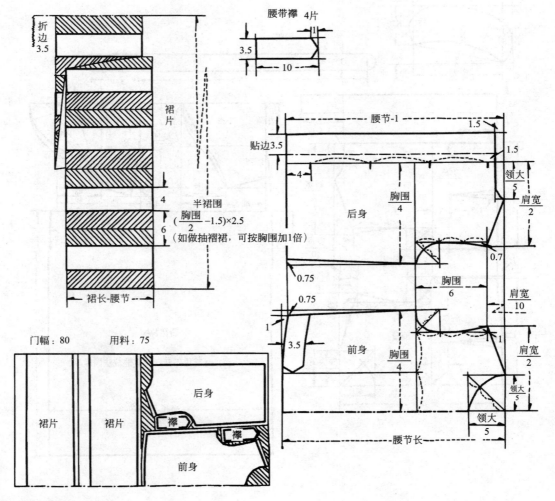

折边 3.5

裙片

腰带襻 4片

3.5

10

半裙围
$(\dfrac{胸围}{2}-1.5)\times2.5$
（如做抽褶裙，可按胸围加1倍）

裙长-腰节

门幅：80　　用料：75

裙片　裙片

后身

襻　襻

前身

腰节-1

贴边3.5

1.5

1.5

4

后身

胸围
4

领大
5

肩宽
2

0.7

0.75

胸围
6

肩宽
10

0.75

前身

胸围
4

1

1

3.5

肩宽
2

领大
5

领大
5

腰节长

第五章 CHAPTER 5

分身上衣和大摆裙

67.三开领开剪上衣

单位：寸

部 位	尺 寸
衣长（C）	16
半胸围（X）	13
肩宽（J）	10.5
袖长（SL）	16.3
领围（L）	10.2
增值（Q）	3
袖系基数（D）	16

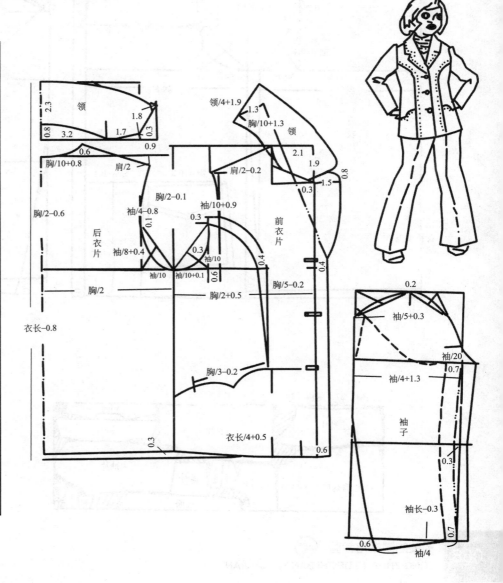

68.三开领休闲上衣

单位：寸

部　位	衣长（C）	半胸围（X）	肩宽（J）	袖长（SL）	领围（L）	增值（Q）	袖系基数（D）
尺　寸	16	13	10.5	13	10.2	3	16

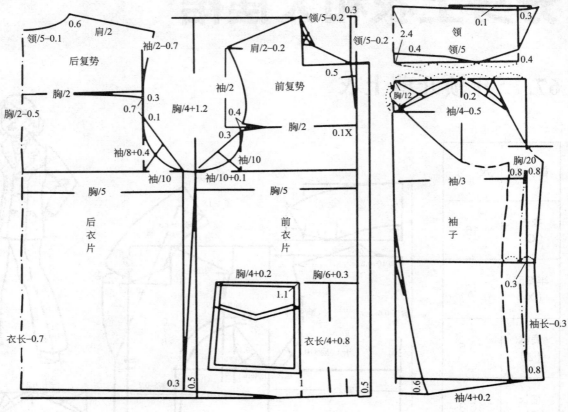

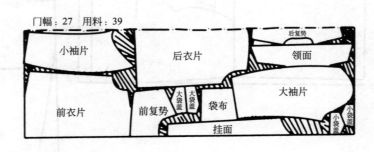

门幅：27　用料：39

小袖片　后衣片　后复势
领面
前衣片　前复势　大袋盖　大袋盖　袋布　大袖片
挂面　小袋盖

69.休闲长袖上衣

单位：寸

部 位	衣长 （C）	半胸围 （X）	肩宽 （J）	袖长 （SL）	领围 （L）	增值 （Q）
尺 寸	14.5	14	7	13.2	10.2	3

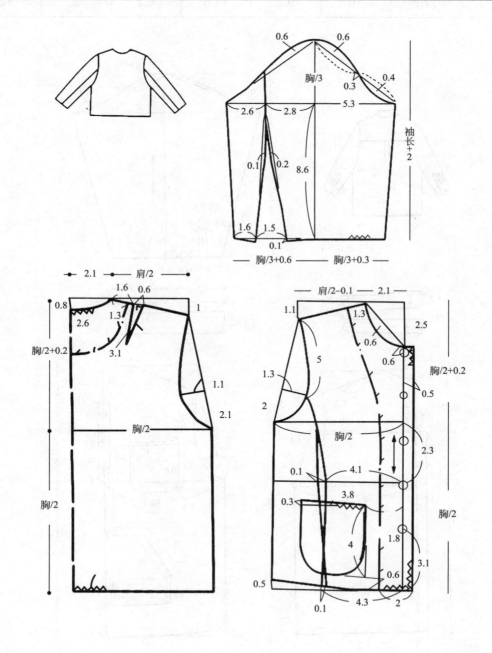

70.紧袖休闲上衣

部　位	衣长 （C）	半胸围 （X）	肩宽 （J）	袖长 （SL）	领围 （L）	增值 （Q）	袖系基数 （D）
尺　寸	17.8	16	9.2	11.6	8.2	2	12

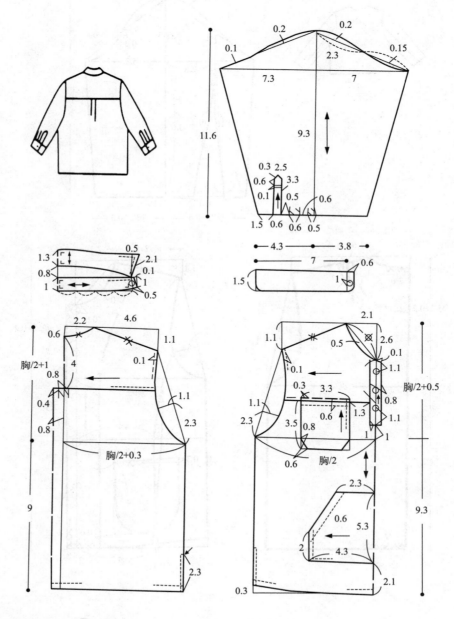

71.三开领长袖上衣

单位：寸

部　位	衣长（C）	半胸围（X）	肩宽（J）	袖长（SL）	领围（L）	增值（Q）	袖系基数（D）
尺　寸	17.6	14	6.2	14	11.2	6	20

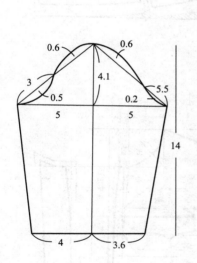

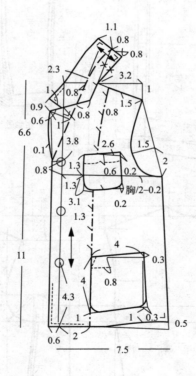

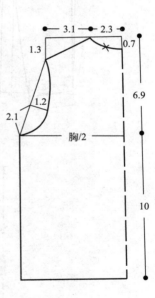

72.男童制服

部　位	衣长 （C）	半胸围 （X）	肩宽 （J）	袖长 （SL）	领围 （L）	增值 （Q）
尺　寸	59	44	18	47	34	3

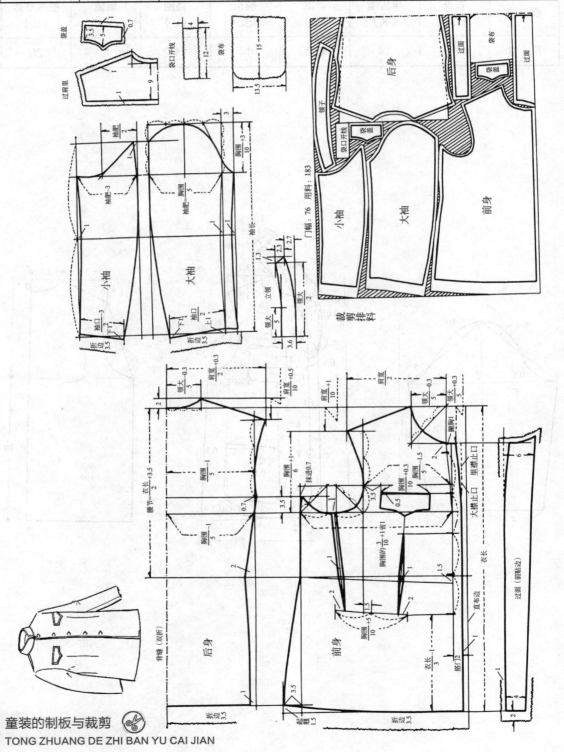

73.男童制服上衣

单位：寸

部 位	尺 寸
衣长（C）	16
半胸围（X）	13
肩宽（J）	10.5
袖长（SL）	16.3
领围（L）	10.2
增值（Q）	3
袖系基数（D）	16

74.女童棉外衣

单位：厘米

部　位	衣长（C）	半胸围（X）	肩宽（J）	袖长（SL）	领围（L）	增值（Q）
尺　寸	50	42	32	38	35	3

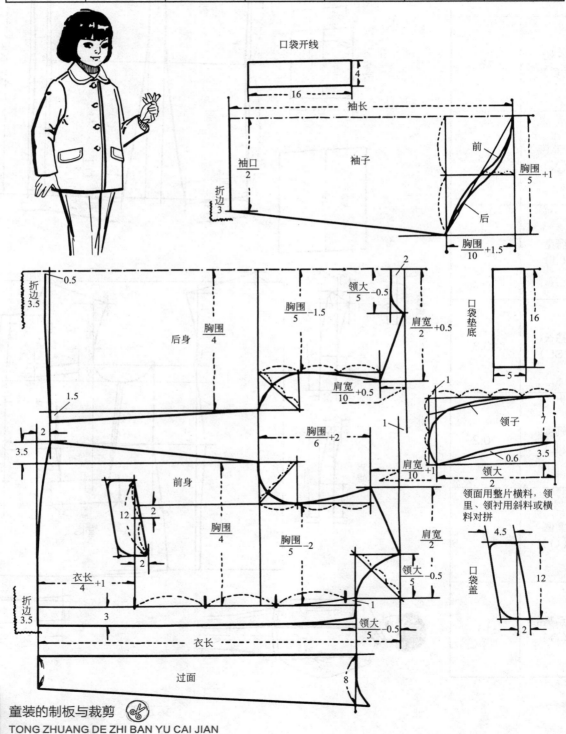

口袋开线

4

16

袖长

袖口
2

袖子

折边
3

前

胸围
5 +1

后

胸围
10 +1.5

折边
3.5

0.5

后身　胸围
4

1.5

2

3.5

领大
5 −0.5

2

胸围
5 −1.5

肩宽
2 +0.5

肩宽
10 +0.5

口袋垫底

16

5

胸围
6 +2

1

1

肩宽
10 +1

领子

7

0.6

3.5

前身

胸围
4

胸围
5 −2

肩宽
2

领大
5 −0.5

领大

领面用整片横料，领里、领衬用斜料或横料对拼

12

2

2

4.5

衣长
4 +1

1

折边
3.5

3

领大
5 −0.5

口袋盖

12

2

衣长

过面

8

75. 女童外衣

单位：厘米

部 位	衣长（C）	半胸围（X）	肩宽（J）	袖长（SL）	领围（L）	增值（Q）
尺 寸	44	35	30	35	30	3

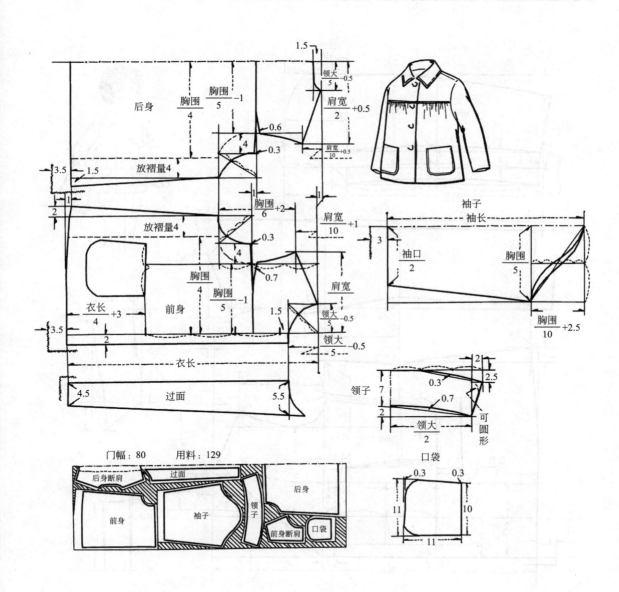

76.小学生女上衣

单位：厘米

部 位	衣长 （C）	半胸围 （X）	肩宽 （J）	袖长 （SL）	领围 （L）	增值 （Q）
尺 寸	53	40	33	42	32	3

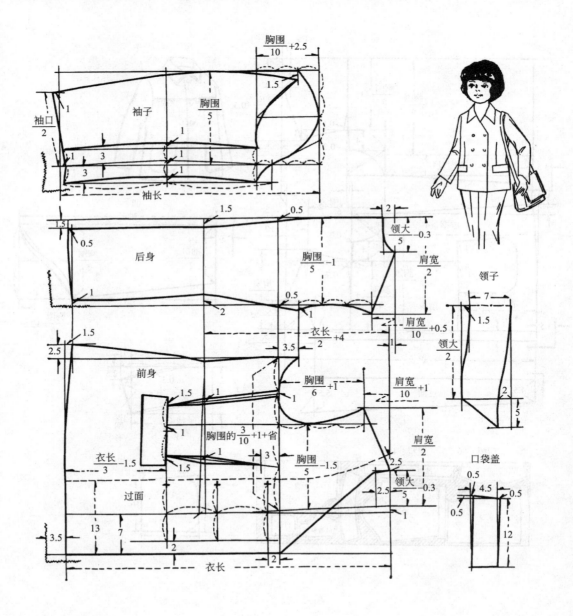

77.男童夹克

单位：厘米

部　位	衣长 （C）	半胸围 （X）	肩宽 （J）	袖长 （SL）	领围 （L）	袖口 （XK）	下摆 （XB）
尺　寸	42	38	31	35	30	15	69

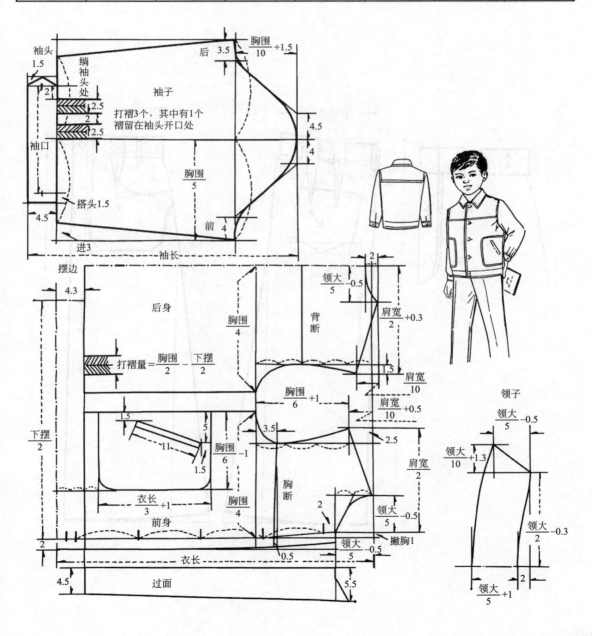

78. 女童大摆裙

部　位	总长 （Z）	裙长 （QC）	腰围 （W）	半臀围 （H）
尺　寸	18.8	22	20	23

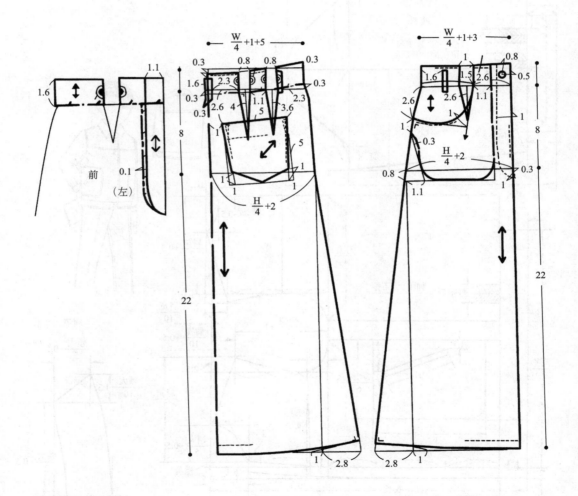

前

（左）

79.宽腰大摆裙

单位：寸

部 位	总长（Z）	裙长（QC）	腰围（W）	半臀围（H）
尺 寸	17	16	14	18

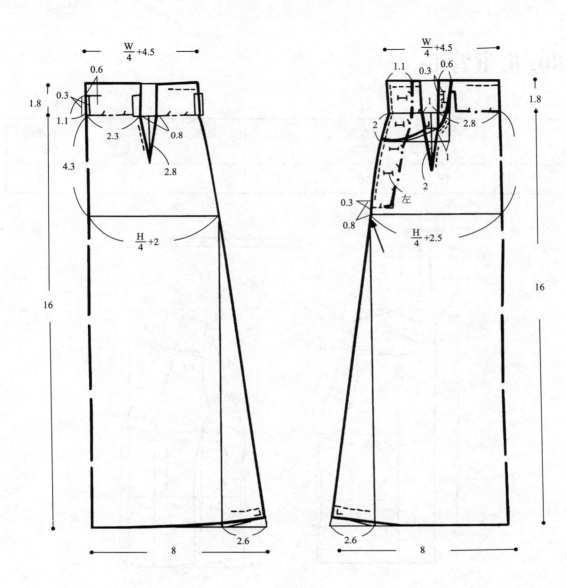

第六章 CHAPTER 6

儿童背心和裤装

80.儿童背心

单位：寸

部　位	衣长（C）	半胸围（X）	肩宽（J）	领围（L）	增值（Q）	袖系基数（D）
尺　寸	18	16	10	8.2	2	12

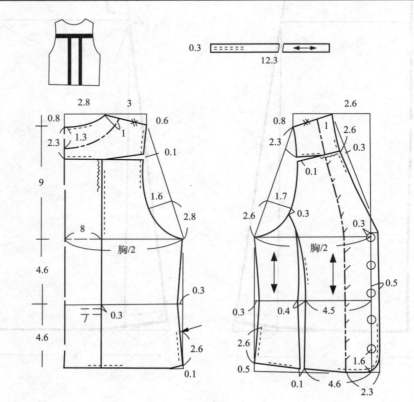

81.松紧腰女童裤

单位：寸

部 位	裤长 （KC）	半臀围 （T）	立裆 （d）	脚口 （K）
尺 寸	17.8	11	6.1	4.9

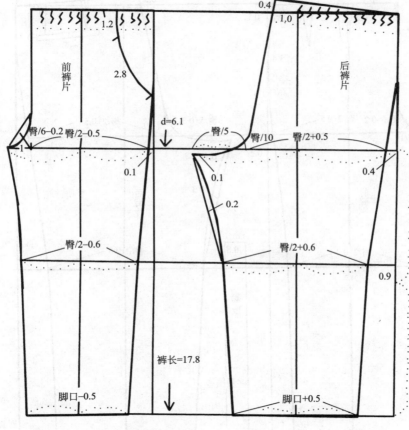

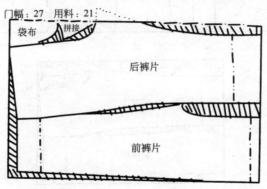

82. 男童裤

单位：寸

部　位	裤长（KC）	半腰围（Y）	半臀围（T）	立裆（d）	脚口（K）
尺　寸	22	9	12	7	5.7

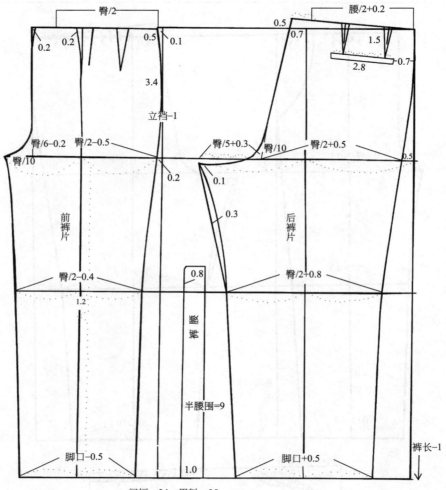

臀/2　　　　　腰/2+0.2

0.5

0.2　0.2　　　0.5　0.1　　　0.7　　　1.5
0.2　　　　　　　　　　　　　　2.8　0.7

3.4

立裆−1

臀/6−0.2　臀/2−0.5　　　臀/5+0.3　臀/10　臀/2+0.5
臀/10　　　　　　　　　　　　　　　　　　　0.5

0.2　　　0.1

0.3

前裤片　　　　　　后裤片

臀/2−0.4　　　0.8　　臀/2+0.8
1.2

裤腰

半腰围=9

裤长−1

脚口−0.5　　1.0　　脚口+0.5

门幅：34　用料：25

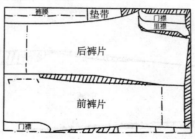

裤腰　　垫带
门襟
里襟
后裤片

前裤片
门襟

83. 儿童工装裤

部　位	总长 （Z）	裤长 （KC）	半腰围 （Y）	半臀围 （T）	立裆 （d）
尺　寸	30	22	9	12	7

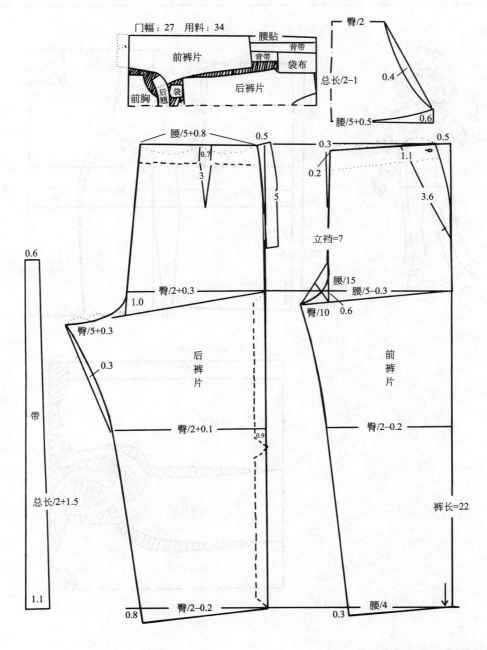

门幅：27　用料：34

腰贴　背带　袋布　前裤片　后裤片　前胸　后翘　袋

臀/2　总长/2-1　0.4　0.6　腰/5+0.5

腰/5+0.8　0.5　0.7　3　0.3　0.5　0.2　1.1　3.6　5

立裆=7　臀/2+0.3　1.0　腰/15　腰/5-0.3　臀/10　0.6

臀/5+0.3　0.3　后裤片　前裤片

臀/2+0.1　0.9　臀/2-0.2

带　0.6

总长/2+1.5　裤长=22

1.1　0.8　臀/2-0.2　0.3　腰/4

84.圆领开刀背心

单位：寸

部　位	总长（Z）	衣长（C）	半胸围（X）	肩宽（J）	领围（L）	增值（Q）	袖系基数（D）
尺　寸	24	12	10	8.2	8.2	3	13

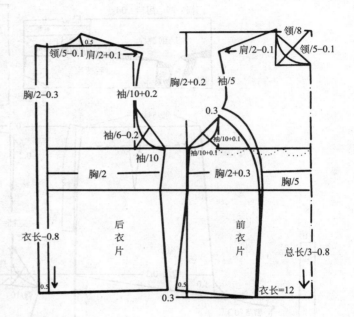

领/5-0.1　肩/2+0.1　0.5

领/8
肩/2-0.1　领/5-0.1

胸/2-0.3　袖/10+0.2　胸/2+0.2　袖/5

0.3
袖/6-0.2　袖/10+0.1
袖/10　袖/10+0.1

胸/2　胸/2+0.3　胸/5

后衣片　前衣片

衣长-0.8　总长/3-0.8

0.5　0.5　衣长=12
0.3

门幅：27　用料：13.5

后衣片

前侧片

前衣片

85.方领横开刀背心

部 位	总长（Z）	衣长（C）	半胸围（X）	肩宽（J）	领围（L）	增值（Q）	袖系基数（D）
尺 寸	24	12	10	8.2	8.2	3	13

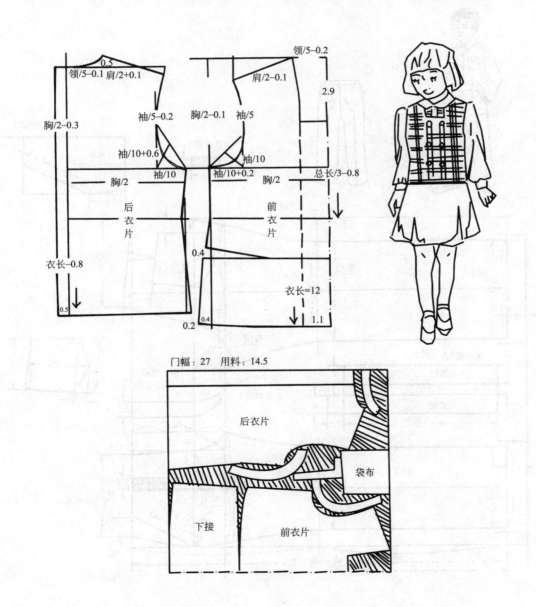

门幅：27 用料：14.5

86.男童长裤

部 位	裤长 （KC）	半腰围 （Y）	半臀围 （T）	立裆 （d）	脚口 （K）
尺 寸	70	30	41	7	37

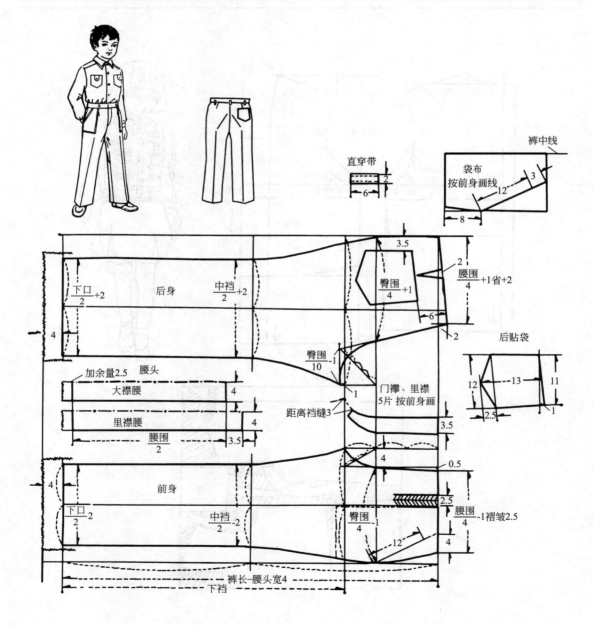

直穿带

2

6

裤中线

袋布
按前身画线

12

3

8

3.5

后身

$\frac{下口}{2}$+2

$\frac{中档}{2}$+2

$\frac{臀围}{4}$+1

2

$\frac{腰围}{4}$+1省+2

6

4

2

后贴袋

12

13

11

$\frac{臀围}{10}$-1

1

2.5

1

门襟、里襟
5片 按前身画

加余量2.5 腰头

大襟腰

里襟腰

距离裆缝3

4

4

$\frac{腰围}{2}$+3.5

3.5

4

0.5

4

前身

$\frac{下口}{2}$-2

$\frac{中档}{2}$-2

$\frac{臀围}{4}$-1

12

2.5

$\frac{腰围}{4}$-1褶皱2.5

4

裤长-腰头宽4

下裆

87.男童短裤

单位：厘米

部　位	总长（Z）	裤长（KC）	半腰围（Y）	半臀围（T）	立裆（d）
尺　寸	30	30	29	40	8

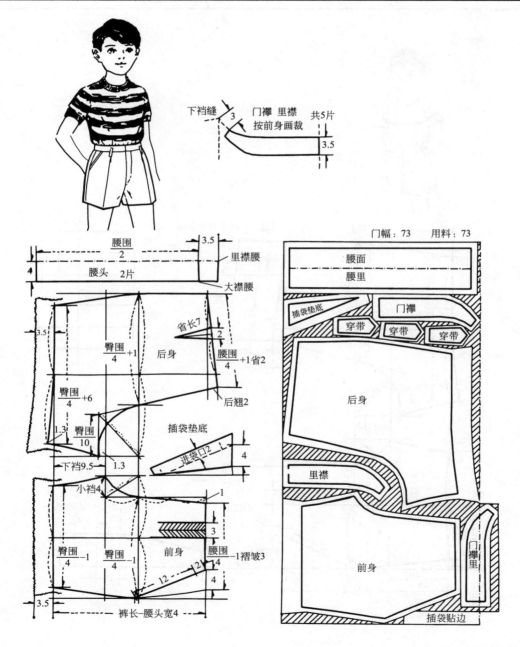

下裆缝　3

门襟　里襟
按前身画裁　共5片

3.5

腰围／2　3.5

里襟腰

4　腰头　2片

大襟腰

3.5

臀围／4 +1　后身

省长7　2

腰围／4 +1省2

臀围／4 +6

后翘2

1.3　臀围／10

插袋垫底

下裆9.5　1.3

进袋口2　4

小裆4

1

3

臀围／4 −1　臀围／4 −1　前身

腰围／4 −1褶皱3

12　12　4
4

3.5

裤长−腰头宽4

门幅：73　用料：73

腰面

腰里

插袋垫底　门襟

穿带　穿带　穿带

后身

里襟

前身

门襟里

插袋贴边

88. 男童松紧腰短裤

单位：厘米

部　位	裤长 （KC）	半腰围 （Y）	半臀围 （T）	立裆 （d）
尺　寸	34	30	42	10

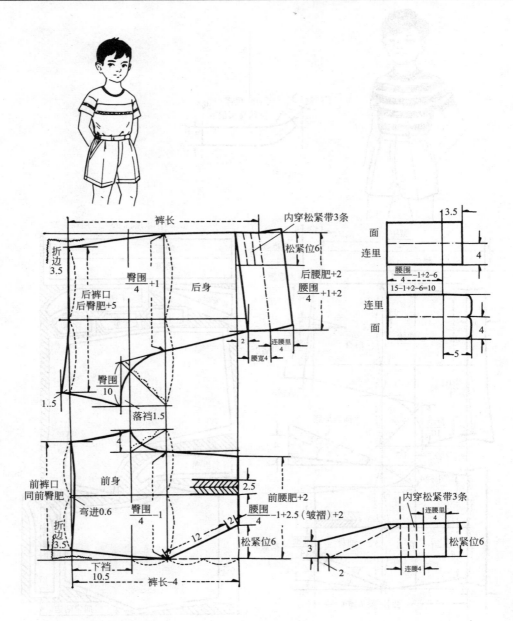

内穿松紧带3条

松紧位6

后腰肥+2

$\dfrac{腰围}{4}$+1+2

裤长

折边
3.5

$\dfrac{臀围}{4}$+1　后身

后裤口
后臀肥+5

3.5

面

连里

$\dfrac{腰围}{4}$-1+2-6

15-1+2-6=10

连里

面

4

5

连腰里
$\dfrac{4}{}$

腰宽4

$\dfrac{臀围}{10}$

1..5

落裆1.5

4

前裤口
同前臀肥

弯进0.6

折边
3.5

$\dfrac{臀围}{4}$-1

12

2

12

2.5

前腰肥+2

$\dfrac{腰围}{4}$-1+2.5（皱褶）+2

松紧位6

下裆
10.5

裤长-4

内穿松紧带3条

连腰里
$\dfrac{4}{}$

松紧位6

3

2

连腰4

89.男童游泳裤衩

部　位	围裆 （WD）	胯围 （KW）	臀围 （H）	裆宽 （DK）
尺　寸	48	70	82	9

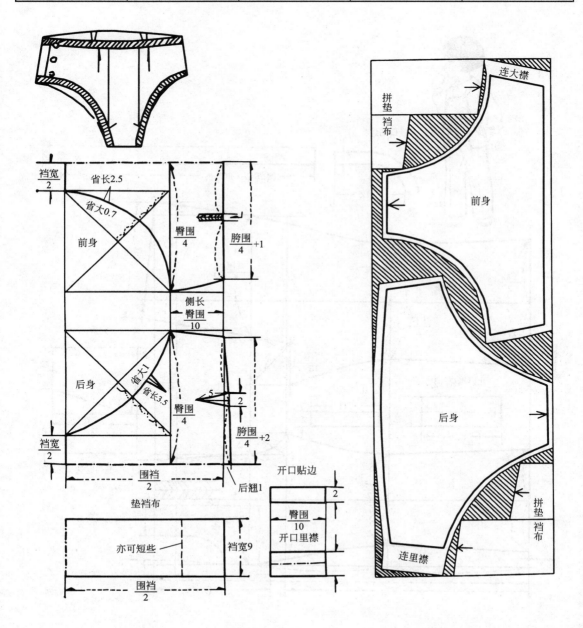

90. 童工裤

单位：厘米

部 位	腰节 （YJ）	裤长 （KC）	半腰围 （Y）	半臀围 （T）	下裆 （XD）	中裆 （ZD）	下口 （XK）
尺 寸	25	51	27	36	30	32	36

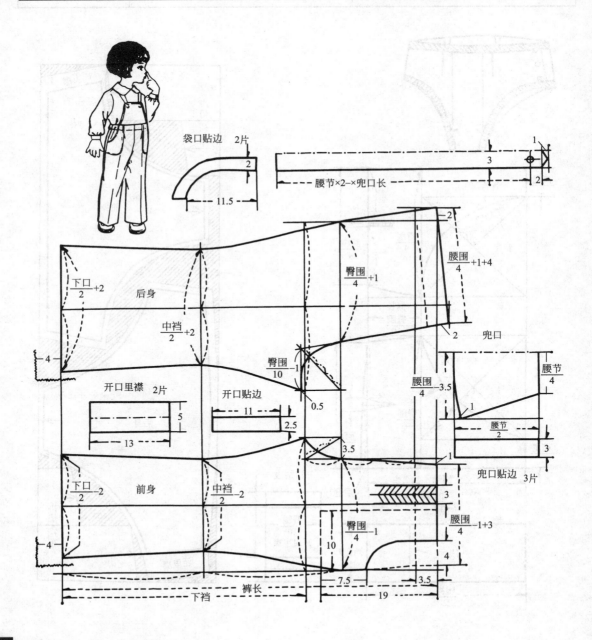

袋口贴边　2片

腰节×2-×兜口长

后身

$\dfrac{下口}{2}+2$

$\dfrac{中裆}{2}+2$

$\dfrac{臀围}{4}+1$

$\dfrac{腰围}{4}+1+4$

兜口

$\dfrac{臀围}{10}-1$

0.5

开口里襟　2片

开口贴边

11

2.5

13

5

$\dfrac{腰围}{4}-3.5$

$\dfrac{腰节}{4}$

3.5

1

$\dfrac{腰节}{2}$

3

兜口贴边　3片

$\dfrac{下口}{2}-2$

前身

$\dfrac{中裆}{2}-2$

$\dfrac{臀围}{4}-1$

3.5

1

10

$\dfrac{腰围}{4}-1+3$

4

7.5　3.5

裤长

下裆

19

CHAPTER 7
第七章

两件套和儿童旗袍

91. 长袖连衣裙围裙两件套

单位：寸

部 位	总长 （Z）	衣长 （C）	半胸围 （X）	肩宽 （J）	袖长 （SL）	领围 （L）	增值 （Q）	袖系基数 （D）
尺 寸	26	23	15.2	9	10.2	8.2	2	12

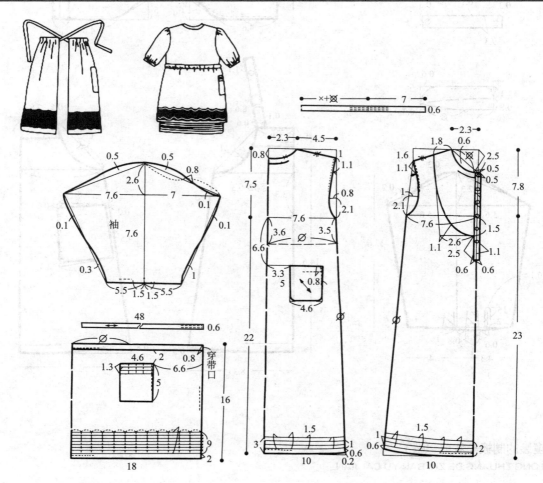

92.背带裙衬衫两件套

部位	衣长 （C）	半胸围 （X）	肩宽 （J）	袖长 （SL）	领围 （L）	袖系基数 （D）	裙长 （QC）	腰围 （Y）	半臀围 （X）	裙口 （K）
尺寸	16.2	14	8.2	12.6	12.4	12	19	15.2	13.2	9

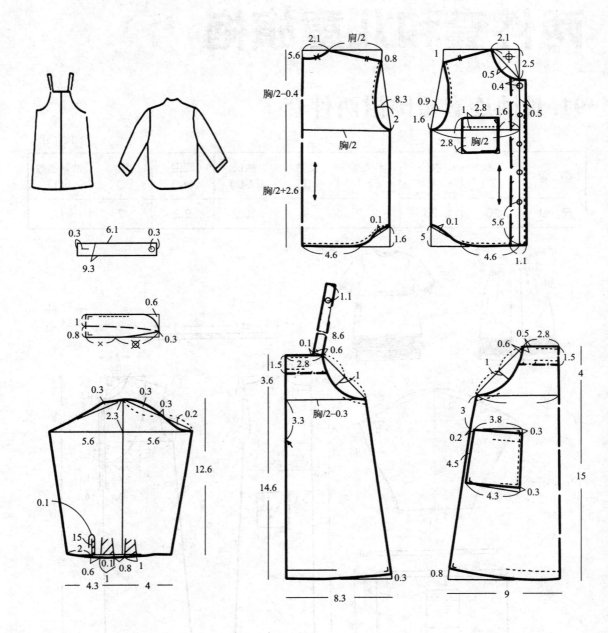

93. 上衣无袖连衣裙两件套

部位	衣长（C）	半胸围（X）	肩宽（J）	袖长（SL）	领围（L）	袖系基数（D）	裙长（QC）	腰围（Y）	半臀围（X）
尺寸	18	13.6	7.2	10.9	12.4	12	18.1	15.2	12.2

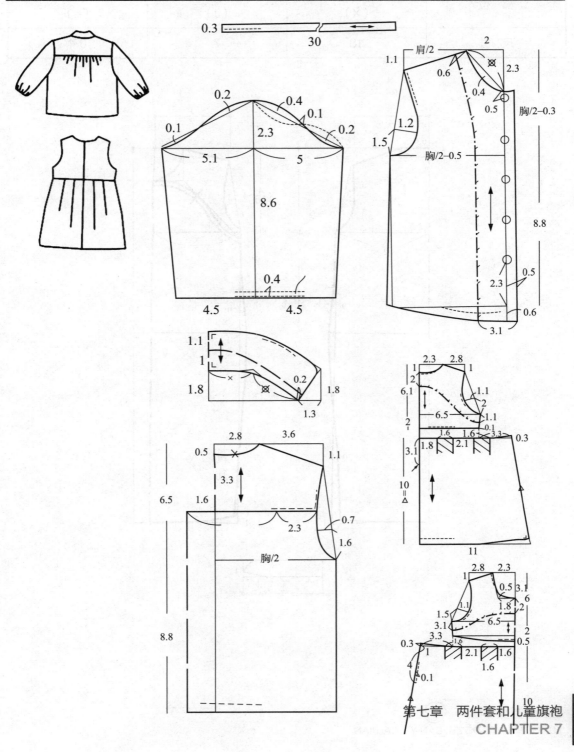

94.儿童旗袍

单位：寸

部　位	半胸围 （X）	肩宽 （J）	领围 （L）
尺　寸	18	7	8.4

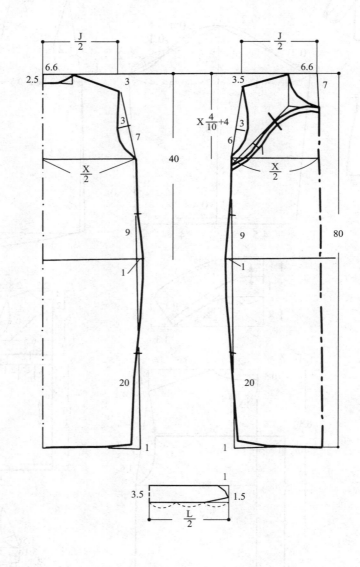

第八章 儿童大衣 CHAPTER 8

95. 男童风衣

单位：寸

部 位	总长 （Z）	衣长 （C）	半胸围 （X）	肩宽 （J）	袖长 （SL）	领围 （L）	增值 （Q）	袖系基数 （D）
尺 寸	24	12	14	9	3.7	8.4	2	13

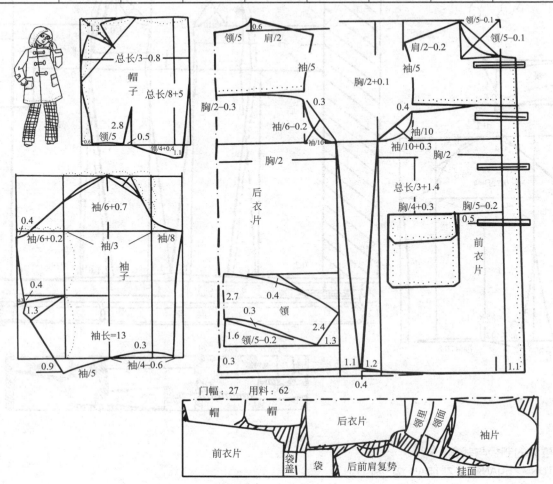

96. 女童风衣

单位：寸

部　位	衣长（C）	半胸围（X）	肩宽（J）	袖长（SL）	领围（L）	增值（Q）	袖系基数（D）
尺　寸	12	13	10.5	13	10.2	3	18

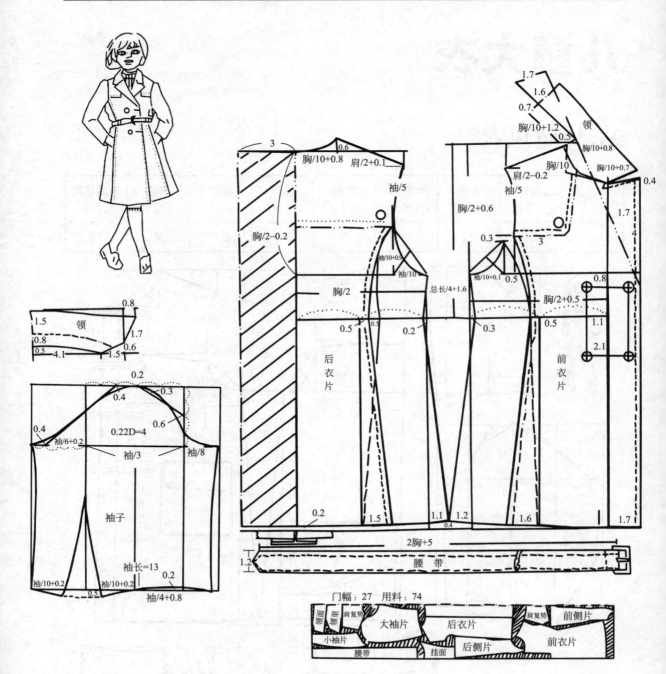

门幅：27　用料：74

97. 燕尾式披风大衣

单位：厘米

部　位	总长（Z）	半胸围（X）	肩宽（J）	领围（L）	袖长（XC）
尺　寸	100	30	12	8.4	49

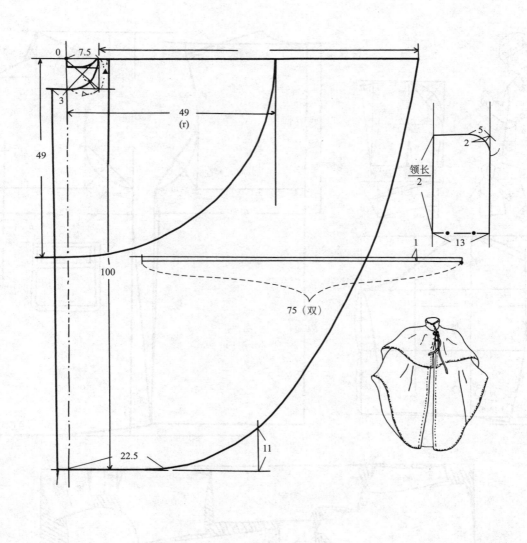

98. 风雪大衣

单位：寸

部 位	总长 （Z）	衣长 （C）	半胸围 （X）	肩宽 （J）	袖长 （SL）	领围 （L）	增值 （Q）	袖系基数 （D）
尺 寸	26	19.5	14	11	11.2	11.2	6	20

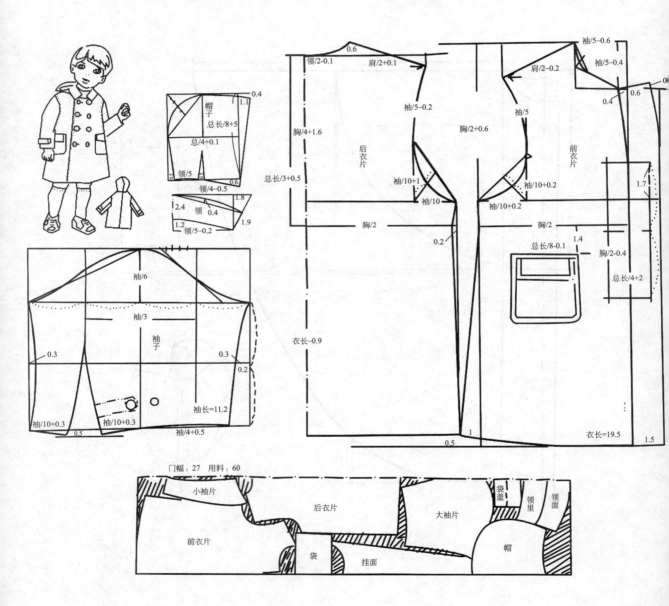

99.童盆领大衣

单位：寸

部　位	衣长（C）	半胸围（X）	肩宽（J）	领围（L）	袖长（SL）
尺　寸	50	20	12	8.4	36

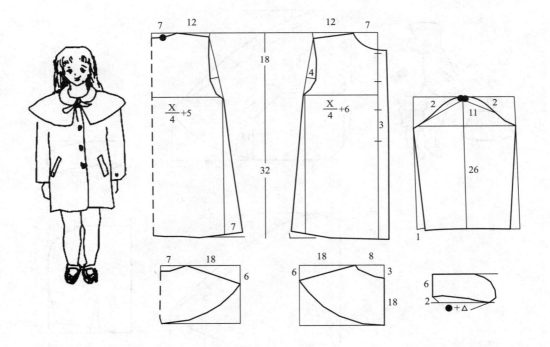

100. 女童披风大衣

单位：厘米

部　位	衣长 （C）	半胸围 （X）	肩宽 （J）	领围 （L）	袖长 （SL）
尺　寸	50	20	12	14	36

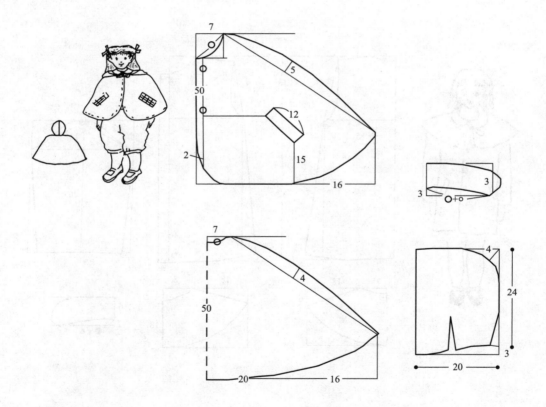

101. 女童披肩大衣

部 位	衣长（C）	半胸围（X）	肩宽（J）	领围（L）	袖长（SL）
尺 寸	59	21	9	8.4	30

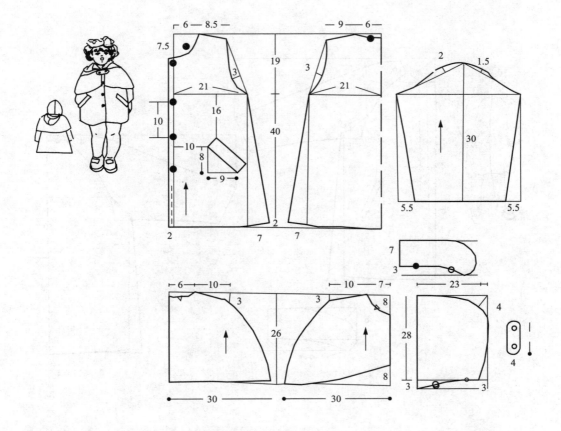

102.女童圆领大衣

单位：厘米

部 位	衣长 （C）	半胸围 （X）	肩宽 （J）	领围 （L）	袖长 （SL）
尺 寸	50	20	12	8.4	36

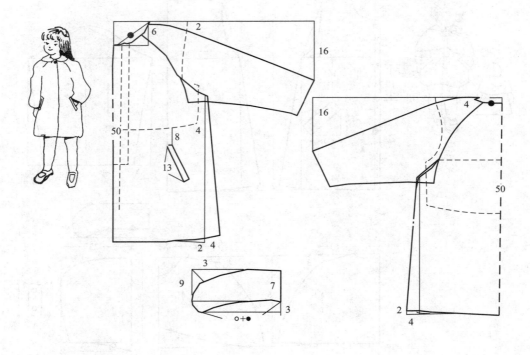

103.苹果领斜肩大衣

单位：厘米

部 位	衣长（C）	半胸围（X）	肩宽（J）	领围（L）	袖长（SL）
尺 寸	90	29	11	34	56

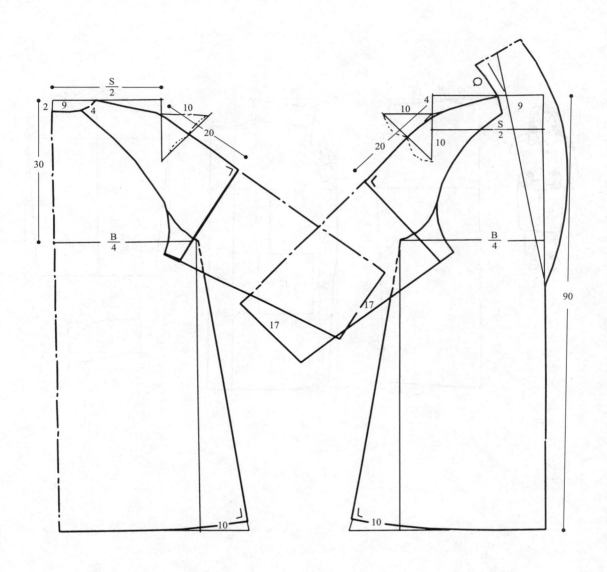

104. 女童宽松大衣

单位：厘米

部 位	衣长 （C）	半胸围 （X）	肩宽 （J）	领围 （L）	袖长 （SL）
尺 寸	56	20	14	8.4	43

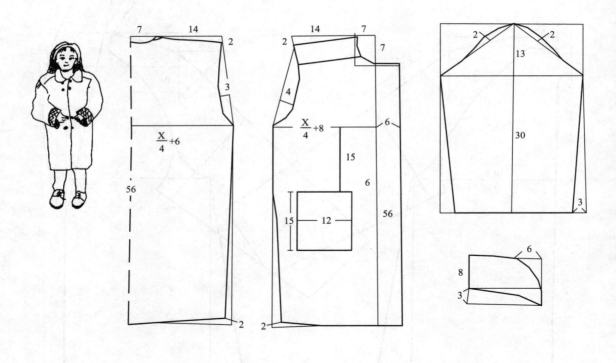

105.双排扣圆边大衣

单位：厘米

部　位	衣长（C）	半胸围（X）	肩宽（J）	领围（L）	袖长（SL）
尺　寸	97	56	36	24	50

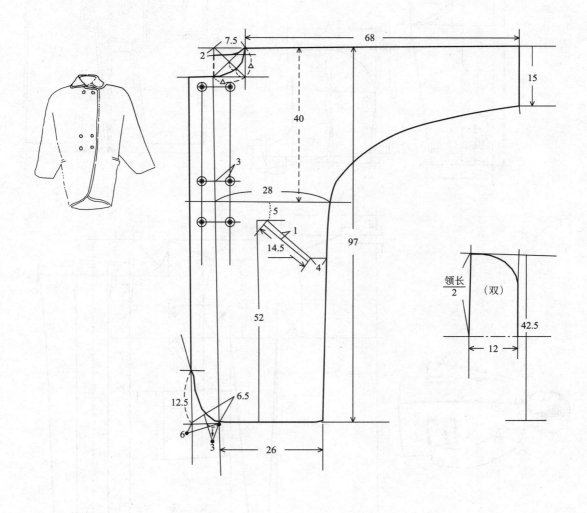

106.男童风雪大衣

单位：厘米

部 位	衣长（C）	半胸围（X）	肩宽（J）	袖长（SL）	领围（L）	帽口（MK）	帽高（MG）
尺 寸	72	46	36	46	30	38	57

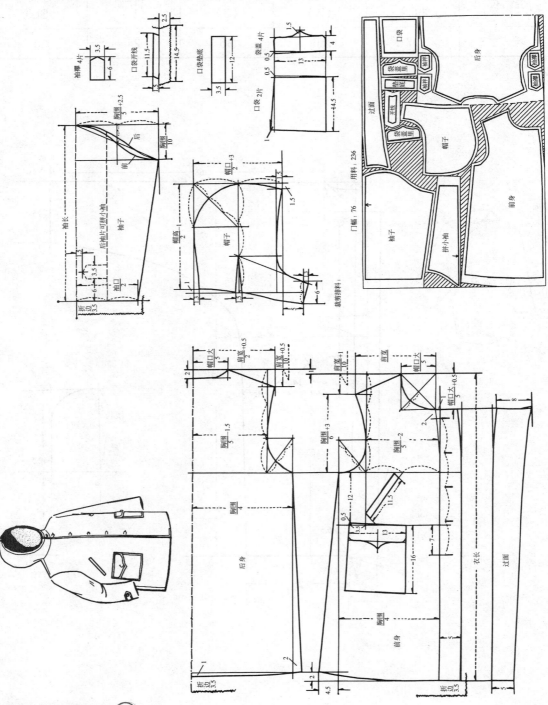

107. 女童连帽防寒服

部 位	衣长（C）	半胸围（X）	肩宽（J）	袖长（SL）	领围（L）	帽口（MK）	帽高（MG）
尺 寸	46	37	30	34	31	38	52

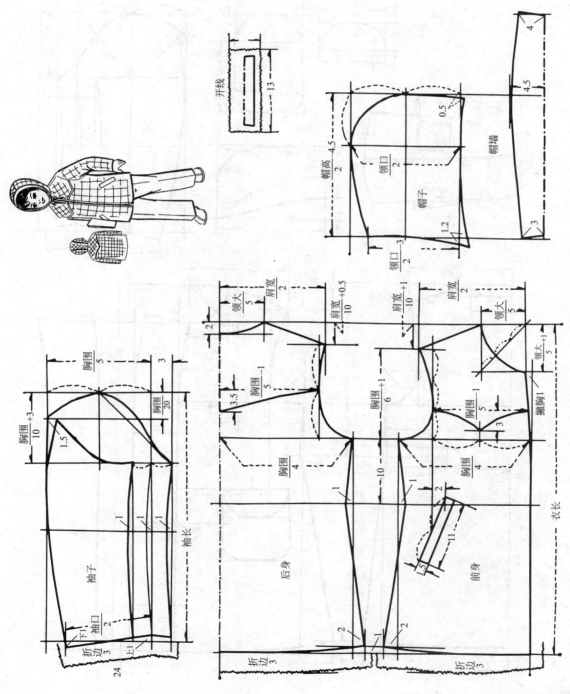

108.女童棉大衣

单位：厘米

部 位	衣长 （C）	半胸围 （X）	肩宽 （J）	袖长 （SL）	领围 （L）	增值 （Q）
尺 寸	56	39	30	33	33	2

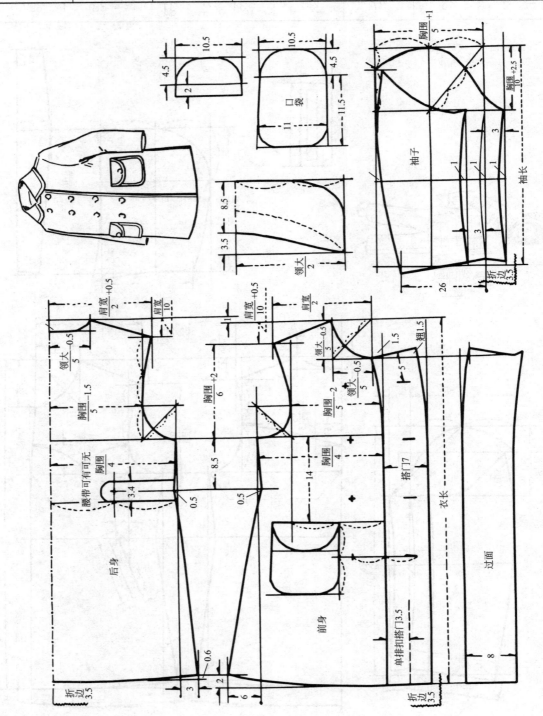